Beck'sche Reihe

BsR 1203

BsR

Mit der Einführung in die Philosophie der Naturwissenschaften gibt Peter Janich zugleich einen gut verständlichen Überblick über Wissensbildung und Wissenschaftstheorie. Wissenschaft entsteht ihm aus lebensweltlicher Praxis; Wissensinhalte sind nicht als vom Menschen unabhängige „Ideen" vorhanden, die der Naturwissenschaftler zu erkennen trachtet, sondern am Erkenntnisbedarf ausgerichtet.

Lange bevor Menschen Wissenschaft trieben, haben sie sich ernährt, Felder angelegt und Nutztiere gehalten, haben sie sich gegen wilde Tiere und Witterungseinflüsse geschützt. Der Jäger und Sammler brauchte vielleicht Entfernungsangaben und damit ein Längenmaß, aber noch kein Flächenmaß; dies wurde erst mit dem Ackerbau und in ihrem Gefolge der Landvermessung gebraucht. Kurz: Meter und Quadratmeter sind nicht immer schon, sondern erst dann vorhanden, wenn sie vom Menschen benötigt und daher erfunden wurden.

An den Bereichen Geometrie, Zeitmessung, Stoffkunde, Chemie und Biologie macht Janich deutlich, daß aller Wissenschaft lebensweltliche Praxis vorausgeht, auf der sie aufbaut, um sich dann die Spielregeln der unparteiischen Objektivität zu geben, aus der nur subjektiv erfahrbares Wissen verbannt erscheint. Wissenschaftliche Erfolge werden dadurch nicht herabgemindert. Wohl aber wird deutlich, daß alle Erkenntnis menschlichen Zwecken dient und daß keine unabhängig von menschlicher Erkenntnis existierenden, nur eben noch unerkannten Erkenntnisgegenstände sinnvoll anzunehmen sind.

Peter Janich, geboren 1942, ist Professor für Philosophie an der Universität Marburg. Viele seiner zahlreichen Veröffentlichungen gelten der Philosophie und Geschichte der Naturwissenschaften. Im Verlag C.H.Beck erschienen „Wissenschaftstheorie und Wissenschaftsforschung" (Hrsg.), 1981; „Euklids Erbe. Ist der Raum dreidimensional?" 1989; „Die Grenzen der Naturwissenschaft. Erkennen als Handeln" (BsR 463), 1992; „Was ist Wahrheit?. Eine philosophische Einführung" (C.H.Beck Wissen, BsR 2052), 1996.

PETER JANICH

Kleine Philosophie der Naturwissenschaften

VERLAG C. H. BECK

Mit 2 Abbildungen

Die Deutsche Bibliothek – CIP-Einheitsaufnahme

Janich, Peter:
Kleine Philosophie der Naturwissenschaften / Peter Janich.
– Orig.-Ausg. – München : Beck, 1997
(Beck'sche Reihe ; 1203)
ISBN 3 406 42003 6
NE: GT

Originalausgabe
ISBN 3 406 42003 6

Umschlagentwurf: Uwe Göbel, München

Gesamtherstellung: C. H. Beck'sche Buchdruckerei, Nördlingen
Gedruckt auf säurefreiem, alterungsbeständigem Papier
(hergestellt aus chlorfrei gebleichtem Zellstoff)
Printed in Germany

Inhalt

Teil I

Allgemeine Wissenschaftstheorie

1. Einleitung

Die Wissenschaften sind zum Ende des 20. Jahrhunderts derart beherrschend geworden, daß sich – weltweit – kaum ein Bereich der Natur oder der Kultur finden dürfte, der nicht in irgendeiner Weise von Wissenschaft und ihren Folgen berührt ist. Jeder Mensch, auch der Nicht-Wissenschaftler, ist gleichsam von Geburt an der Wissenschaft ausgesetzt. Wissenschaft ist ein alle Lebensbereiche prägender Faktor geworden, der stets von Neuem zu Stellungnahme und Handeln herausfordert.

Jeder, der die Leistungen und Folgen von Wissenschaft nicht einfach klag- oder freudlos hinnimmt, sondern sich an der Auseinandersetzung um sie denkend und redend beteiligt, wird unterschiedlichen *Wissenschaftsverständnissen* begegnen. Denn überall, wo über Wissenschaft geredet und sie betreffend gehandelt wird, wo im weiten Spektrum zwischen Wissenschaftsgläubigkeit und Wissenschaftsskepsis Stellung bezogen, wo geurteilt und gewertet wird, wo individuelle Entscheidungen wie eine Berufswahl oder öffentliche Entscheidungen wie die Gründung eines Forschungsinstituts getroffen werden, treten Wissenschaftsverständnisse zutage.

Sie artikulieren sich z.B. in Vergleichen und Urteilen über Natur- und Geisteswissenschaften, über Fluch und Segen wissenschaftlich getragener Technik, in Hoffnung auf neue Entdeckungen zur Bekämpfung von Krankheiten und Seuchen, oder in ökologischen Fragen. Großalternativen werden aufgemacht wie die zwischen technisch-naturwissenschaftlichen und historisch-hermeneutischen Fächern, ergänzt oder konfrontiert mit Fächern der empirischen Sozialwissenschaften, und immer wieder gefärbt durch die für die Vertreter dieser Fächer angeblich typischen Betrachtungsweisen der Welt und der Wissenschaften in ihr.

Das Reden in und mit Wissenschaftsverständnissen ist weniger ein akademischer Luxus als ein folgenreicher Teil des täglichen öffentlichen Lebens, des politischen, moralischen oder psychologischen Argumentierens. Dieses Argumentieren wird dadurch erschwert, daß die Wissenschaften längst schon „zu sich selbst gekommen" sind, d.h. daß die Wissenschaften selbst Gegenstand wissenschaftlicher Forschung geworden sind. Ob es das alte Fach der Wissenschaftsgeschichte, die jüngeren Fächer der Wissenschaftssoziologie und -psychologie oder andere sind, es werden mit den Methoden und Ansätzen schon vorhandener Disziplinen die *Wissenschaften* insgesamt oder Teilbereiche von ihnen *erforscht*, beschrieben und analysiert. Da mag die Entdeckungsgeschichte eines Medikaments, einer historischen Grabungsstätte oder eines Spiralnebels geschildert werden, da mag der Einfluß wissenschaftlicher Institutionen wie der Hochschulen oder des Nobelpreises diskutiert werden, da mögen Forscherbiographien, Selbsteinschätzungen von Wissenschaftlern oder volkswirtschaftliche Kosten-Nutzen-Erwägungen zur Forschung eine Rolle spielen – jeder Wissenschaftsforscher im Hauptberuf (wie der Wissenschaftshistoriker) oder im Nebenberuf (wie der Biologe, der die Besonderheiten seines Faches schildert) hat aus seinem eigenen Fach seine Methoden, Ansätze und Verständnisse, mit denen er seinen Fragestellungen und Zielsetzungen nachgeht. Selbstverständlich wird dadurch z.B. die Physik dem Soziologen anders erscheinen als dem Physiker, und entsprechend die Soziologie.

Spricht man darüber hinaus auch dem Nichtwissenschaftler als dem freiwilligen oder unfreiwilligen Abnehmer und Betroffenen von Wissenschaft das Recht nicht ab, sich im Konzert der Stellungnahmen zu melden, so bietet die Diskussion der Wissenschaften und ihrer Folgen das Bild eines Durch- und Gegeneinanders von Meinungen, Interessen und Zielkonflikten, der gegenseitigen Unterstellungen und Bewertungen, ja der *allgemeinen Orientierungslosigkeit*. Wo aber und mit welchen Mitteln soll dieser begegnet werden, auf welchem Wege und mit welcher Autorität ist Orientierung zu gewinnen? Ersichtlich rührt das Durcheinander der Meinungen u.a. daher, daß jeder Fachwissenschaftler, der sein Fach beherrscht und der als Forscher, Anwender oder Lehrer seines Faches ohne Meinungen über sein Fach nicht auskommt, mit seiner Kompetenz *in* seinem Fach sich auch zugleich kompetent wähnt, *über* sein Fach fachmännisch zu sprechen.

Hinzu tritt das Symptom „Zuständigkeit durch Betroffenheit", nach dem sich jeder Laie (und auch jeder Fachwissenschaftler ist in fast allen anderen Fächern Laie) für Urteile über Wissenschaften zuständig fühlt, sobald er in irgendeiner Weise von ihren Folgen berührt ist. Hier geht es dem Reden über Wissenschaften ähnlich wie der wissenschaftlichen Medizin oder Psychologie, über die auch jeder als Patient oder Klient Betroffene sich sein Urteil bildet. Während also nach dem Allgemeinverständnis eine wissenschaftliche Spezialfrage z.B. der Organischen Chemie, der Urgeschichte des Menschen, des Stoffwechsels im Gehirn oder eines astronomischen Ereignisses spezielle Fachkenntnisse erfordert, wird über und mit Wissenschaftsverständnissen geredet, als sei *jedermann* gleich oder doch wenigstens hinreichend dafür *kompetent*. Dabei kann schon einfache Lebenserfahrung zur Vorsicht mahnen: Niemand bestreitet, daß es verschiedene Kompetenzen sind, einerseits ein Bild zu malen, eine Sonate zu komponieren, eine Maschine zu konstruieren, und andererseits über das Bildermalen, das Komponieren oder Konstruieren eine Theorie oder Wissenschaft zu entwickeln. Die Vorsicht, das *Treiben von Wissenschaft* und das *Reden über Wissenschaft* für grundverschiedene Aufgaben zu halten, gewinnt schnell zusätzliche Unterstützung durch die Beobachtung, daß es weitgehend *verschiedene Sprachen* sind, in denen Wissenschaft getrieben und über sie gesprochen wird. Wo der Biologe über Organismen und Stoffwechsel, der Soziologe über Gemeinschaften und ihre Entwicklung, der Mathematiker über Funktionen und Mengen redet, redet man über Wissenschaften mit Wörtern wie Theorie, Methode, Erfahrung, Forschung, Anwendung usw. Kurz, das Reden über Wissenschaft hat seine eigene Sprache, die in keiner Sprache einer Fachwissenschaft aufgeht.

Damit ist aber auch ein erster Hinweis gewonnen, auf welchem Weg man zumindest beginnen kann, sich im uferlosen Gerede über die Wissenschaften zu orientieren: Man nähert sich diesem Reden *sprachkritisch* – in Erinnerung daran, daß „kritisch" vom Griechischen krinein, unterscheiden, stammt, und unterscheidet z.B. wissenschaftliche von außerwissenschaftlichen Wörtern, und hier vor allem wissenschaftliche von „*metawissenschaftlichen*" (von griechisch meta, hinterher), in denen nicht Wissenschaft getrieben, sondern über Wissenschaft gesprochen wird. Und wie der Wissenschaftler sich vom Laien nicht zuletzt dadurch unterscheidet, daß er für die Anliegen seines Faches eine eigene Fachsprache zur Verfügung hat, führt der kritische Gebrauch von Wörtern für das Reden über Wissenschaft mit zunehmender Klarheit in eine *metawissenschaftliche Fachsprache* hinein, die den ersten Baustein einer „Wissenschaftstheorie" bildet.

Die Absicht bleibt dabei vom Anlaß bestimmt: Die Betroffenheit von den Folgen wissenschaftlicher Umgestaltung der Welt sind der Anlaß, *Orientierung* in der Flut der Wissenschaftsverständnisse das *Ziel* der hier vorgetragenen Wissenschaftstheorie. Was dies im einzelnen bedeutet, soll im folgenden Abschnitt über die Ziele dieses Buches dargestellt werden.

Gänzlich unerwähnt ist bisher geblieben, daß es im Konzert der Stimmen zu den Wissenschaften neben den Laien und den Fachwissenschaftlern noch eine sonderbare, dritte Spezies gibt: die Wissenschaftstheoretiker. Wissenschaftstheorie ist heute eine etablierte philosophische Teildisziplin, die ihrerseits bereits eine eigene Geschichte mit der Ausbildung unterschiedlicher Schulen und Strömungen hat, unter Experten heftige Kontroversen austrägt und, wie die Theorien der Fachwissenschaften, auch in die Laienüberzeugungen hineinwirkt.

Hier soll jedoch strikt unterschieden werden zwischen metawissenschaftlichen Orientierungsproblemen, die sich aus den Fachwissenschaften selbst ergeben, und einer Fortsetzung der bereits seit über hundert Jahren in Gang befindlichen wissenschaftstheoretischen Fachdiskussion. Mehr noch, die hier vorzutragende Wissenschaftstheorie tritt mit dem Anspruch auf, auch dann etwas zur Klärung des Redens über die Wissenschaften beizutragen, wenn es die etablierte akademische Wissenschaftstheorie nicht gäbe. Mit anderen Worten, es geht nicht in erster Linie um eine Stellungnahme in wissenschaftstheoretischen Auseinandersetzungen als vielmehr um eine wissenschaftstheoretische Auseinandersetzung mit den Wissenschaften selbst. Dabei braucht nicht verleugnet zu werden, daß diese Auseinandersetzung ihrerseits weder mit der Naivität des historisch uninformierten Neuanfangs noch mit der Anmaßung unternommen wird, alle vorgetragenen Einsichten ohne Auseinandersetzung mit der akademischen Wissenschaftstheorie gewonnen zu haben. (Gerade der informierte Wissenschaftstheoretiker wird gleichsam an fast jeder Stelle entdecken, welche bekannten Hindernisse umschifft, welche Untiefen vermieden und welche Stürme überstanden sind, wenn hier ohne Rückgriff auf die wissenschaftstheoretische Fachdiskussion im Blick auf die Fachwissenschaften selbst wissenschaftstheoretische Vorschläge unterbreitet und gerechtfertigt werden.)

Aber auch der wissenschaftstheoretisch noch nicht informierte Leser soll darüber nicht gänzlich im Unklaren gelassen werden. Deshalb schließt dieses Buch mit einem Kapitel, in dem wichtige, vor allem den hier vorgetragenen Auffassungen entgegenstehende wissenschaftstheoretische Lehrmeinungen dargestellt und kritisiert werden. Mit anderen Worten, neben den im folgenden Kapitel zu nennenden Zielen dieses Buches bleibt es auch eine Aufgabe, in die akademische Wissenschaftstheorie einzuführen, wie sie heute als selbständige Disziplin von Philosophen betrieben wird. Aber diese Aufgabe dient nur dem Zweck, Orientierung in der Flut der Wissenschaftsverständnisse eben nicht nur gegenüber populären Laien- und Fachwissenschaftlermeinungen zu gewinnen, sondern sich auch nicht durch spezielle Philosophien verwirren zu lassen. Oberstes Ziel bleibt also nicht eine Klärung der wissenschaftstheoretischen Kontroversen, sondern der Wissenschaften.

2. Ziel dieser „Kleinen Philosophie"

In allgemeinster Form besteht das Ziel dieser Einführung darin, über Wissenschaften kompetent mitreden zu können. Jede argumentative Auseinandersetzung um Wissenschaftsverständnisse bedarf einer metawissenschaftlichen Sprache, die hier in ihren Grundunterscheidungen erläutert und gelehrt werden soll, um Voraussetzungen und Implikationen häufig auftretender Wörter zu überblicken und auf ihre Annehmbarkeit hin beurteilen zu können.

Teil dieser metawissenschaftlichen Kompetenz muß es sein, Einteilungen der Wissenschaften in Fächergruppen oder Typen (wie z. B. Natur- versus Geisteswissenschaften, erklärende versus verstehende Wissenschaften, Ideal- versus Realwissenschaften usw.) als Ausdruck wissenschaftstheoretischer oder erkenntnistheoretischer Grundunterscheidungen darstellen und beurteilen zu können. In diesem Zusammenhang soll auch beurteilt werden können, inwieweit Fächerdefinitionen in ihren Gegenstandsbestimmungen methodenabhängig und damit abhängig von den Zwecken und Zielen sind, die durch die jeweils fächerspezifischen Methoden erreicht werden sollen. Hierher gehört auch die Begründung der Einsicht, daß das Einteilen von Wissenschaften in Fächer oder Fächergruppen, die zunächst historisch als Institutionen vorgefunden werden, selbst bestimmte Zwecke verfolgt, für die verschiedene Einteilungsschemata geeignete Mittel sein können; und daß damit der Anspruch, ein alle historisch vorfindlichen Fächer umspannendes, alle Einteilungszwecke umgreifendes Einteilungsschema zu finden, nicht sinnvoll ist.

In diesem Zusammenhang werden verschiedene Typen von Wahrheit oder Geltung zu unterscheiden und durch verschiedene Überprüfungsmethoden zu begründen sein. Der Leser dieses Buches sollte z. B. begründen können, warum Lehrsätze der Mathematik, der Chemie und der Geschichtswissenschaft sich verschiedenen Definitionsverfahren ihrer Terminologie und verschiedenen Kontrollverfahren ihrer Überprüfung verdanken.

Damit soll dem Leser dieses Buches eine Hilfe an die Hand gegeben werden, die für Fächer oder Fächergruppen verschiedenen Verfahren der Begriffs- und Theoriebildung prinzipiell verstehen und damit fächerspezifische Kriterien der Wissenschaftlichkeit beurteilen zu können.

Diese eher in einem technischen Sinne methodologischen Kenntnisse sollen erlauben, zwischen vorschreibenden und behauptenden Teilen in der sprachlichen Darstellung von wissenschaftlichem Fachwissen unterscheiden zu können, um daraus ein Urteil in der traditionell erkenntnistheoretischen Frage selbst fällen und begründen zu können, was die Wissenschaften über die (natürliche oder kultürliche) Welt zu sagen haben, und was im Gegensatz dazu allein durch Festsetzung terminologischer oder methodologischer Art bestimmt ist – bis hin zu einem Überblick über die Folgen solcher Setzungen, wonach erhebliche Teile einzelner Fachwissenschaften in erster Linie ein Wissen über die Handlungen des Wissenschaftlers und deren Folgen sind.

Schließlich soll bei aller wissenschaftstheoretischer Kenntnis und metawissenschaftlicher Kompetenz der Sitz der Wissenschaft in der Lebenspraxis und der Kulturgeschichte im Auge behalten werden. Wissenschaften sind immer Mittel zu etwas, sind in historischen Situationen mit Bedürfnissen einer Gesellschaft oder einzelner ihrer Mitglieder und Gruppen verknüpft, werden von Einzelpersonen oder Gruppen in Forschung, Lehre und Anwendung getragen und müssen sich, einschließlich ihrer metawissenschaftlichen Reflexion, der Frage nach dem Wozu stellen. Der Leser dieses Buches soll durch die Auseinandersetzung mit dieser Einbettung einer wissenschaftstheoretisch geklärten Wissenschaft in die Lebenspraxis instand gesetzt werden, unbegründete Prinzipienentscheidungen zu erkennen und zu beurteilen, wie sie historisch etwa in der Alternative zwischen Naturalismus und Kulturalismus begegnen.

3. Was ist Wissenschaft?

Jede Befassung mit Wissenschaft sieht sich von Anfang an mit einem *Abgrenzungsproblem* konfrontiert: Was soll unter „Wissenschaft“ verstanden werden, und wie ist Wissenschaft von Nicht-Wissenschaft zu unterscheiden?

Der alltägliche Sprachgebrauch des Wortes *Wissenschaft* unter Laien wie unter Wissenschaftlern ist vieldeutig und ungenau. Spricht man von „der Wissenschaft“ (oder auch „den Wissenschaften“), so meint man damit häufig ihre *institutionellen Erscheinungsformen*, während mit dem Adjektiv „wissenschaftlich“ (und davon abgeleitet, „Wissenschaftlichkeit“) *spezielle Wissensformen* ausgezeichnet werden. Zu den institutionellen Erscheinungsformen von Wissenschaft gehört, daß Wissenschaft als Beruf ergriffen werden kann, daß es Institutionen wie Hochschulen und Universitäten gibt, die mit einem staatlich kontrollierten Prüfungswesen darüber entscheiden, wer sich mit öffentlicher und gesetzlicher Anerkennung Wissenschaftler eines bestimmten Faches nennen darf, sodann der Wissenschaftsbetrieb, der von den ungeschriebenen Spielregeln unter Wissenschaftlern bis zu Hochschulgesetzen, vom wissenschaftlichen Bibliotheks- und Zeitschriftenwesen bis zur Vergabe und öffentlichen Schätzung von Nobel- und anderen Wissenschaftspreisen reicht.

Davon prinzipiell verschieden bedeutet „Wissenschaft“ häufig einen besonderen Geltungs- oder Sicherheitsanspruch, ein besonderes Vertrauen auf Verläßlichkeit und Geprüftheit, auf Interessenneutralität und Allgemeingültigkeit eines Wissens. In Gegenüberstellung zu bloßen Meinungen, Privatwissen, Irrtümern, Glaubensbekenntnissen, Dogmen und Ideologien wird also unter „Wissenschaft“ eine besondere und besonders geschätzte oder abgelehnte *Wissensform* verstanden.

Wissenschaft als Institution und als Wissensform müssen nicht unabhängig voneinander gesehen werden. So kann z.B. das akademische Ausbildungs- und Prüfungssystem sowie das Publikationswesen für Forschungsresultate durchaus ein probates Mittel sein, die Verläßlichkeit und Allgemeinheit wissenschaftlicher Resultate zu sichern. Umgekehrt kann der Erkenntnisfortschritt durch wissenschaftliche Forschung als Grund für gesellschaftliche Hochschätzung der Wissenschaften angesehen werden. Aber schon diese, auf einen herkömmlichen Sprachgebrauch zurückgreifenden Behauptungen unterstellen, daß das *Abgrenzungsproblem zwischen Wissenschaft und Nicht-Wissenschaft* bereits gelöst sei.

Hier ist die *Wissenschaftsforschung* vor allem soziologischer Herkunft auf eine einfache Lösung verfallen, die auch für viele Fachwissenschaftler wie für Vertreter mancher wissenschaftstheoretischer Positionen hohe Attraktivität hat: Wir finden ja, wenn wir uns den Wissenschaften als Gegenstand des Nachdenkens und Forschens zuwenden, diese in Form ihrer Vertreter, ihrer Institutionen und ihrer Wissensbestände bereits vor. Also überläßt man es den Wissenschaftlern selbst, sich das Attribut „Wissenschaftler" oder „Fachwissenschaftler", z.B. „Physiker", „Soziologe" usw. zuzusprechen. Überspitzt gesagt: Wissenschaft ist danach alles, was Wissenschaftler in Ausübung ihres Berufes tun, und Wissenschaftler sind solche Leute, die sich selbst Wissenschaftler nennen. Um individuelle Willkür zu vermeiden, sollen sich nur solche Leute Wissenschaftler nennen dürfen, die in Instituten arbeiten oder wenigstens ausgebildet wurden, auf deren Türschild der Name einer Wissenschaft steht.

Ein solches, bloß durch Beschreibung von Institutionen gewonnenes Abgrenzungskriterium führt jedoch auf folgende Schwierigkeit: Offensichtlich kann ein Definieren von Wissenschaft durch Beschreiben von wissenschaftlich genannten Institutionen nicht abwehren, daß irgendeine Personengruppe, z.B. eine Sekte, aus welchen Gründen und mit welchen Zielen auch immer, sich selbst „wissenschaftlich" tauft, und damit Beliebiges als Wissenschaft ausgegeben wird. Es widerspräche aber dem üblichen und, wie sich später zeigen wird, auch vernünftigen Verständnis von „wissenschaftlich", wenn es nur eine Frage der Namensgebung für Personen oder Institutionen wäre, deren Behauptungen und Arbeitsresultate zu wissenschaftlichen zu erheben. Vielmehr verbindet der Laie wie der Fachwissenschaftler mit der Auszeichnung eines Wissens als *wissenschaftlich*, gewisse *Ansprüche* auf Überprüfbarkeit, Allgemeingültigkeit, Zuverlässigkeit und anderes mehr. Es leitet sich also nicht die Qualität bestimmter Wissensbestände von der Berufsbezeichnung ihrer Erzeuger ab, sondern umgekehrt die Bezeichnung „wissenschaftlich" für Berufe und Institutionen aus bestimmten Qualitäten von Wissen.

Die Ansprüche an besondere Qualitäten von Wissen und die Mittel ihrer Einlösung darzulegen und zu begründen, ist die Hauptaufgabe der Wissenschaftstheorie. Diese geht jeder empirischen Wissenschaftsforschung in dem Sinne „methodisch" voraus, als der Wissenschaftsforscher ihrer schon bedarf, um seinen Forschungsgegenstand abzugrenzen und festzulegen.

Selbstverständlich beginnt aber auch die Wissenschaftstheorie nicht gleichsam im luftleeren Raum, Kriterien der Wissenschaftlichkeit zu formulieren. Vielmehr ist jede Wissenschaftstheorie erst ein nachvollziehbares Unternehmen, wenn es eine Praxis gibt, wovon sie Theorie sein möchte – eben die Wissenschaften. Auch in der Einleitung und in der Aufzählung der Ziele dieses Buches war ja die Gewinnung von Orientierung in einer von Wissenschaft geprägten Welt Ausgangspunkt und Ziel der hier angestellten Überlegungen, d.h., die *Wissenschaftstheorie* ist ein *zu den Wissenschaften nachträgliches Unternehmen*. Der Unterschied zwischen dem (erfahrungswissenschaftlichen) Wissenschaftsforscher und dem (philosophischen) Wissenschaftstheoretiker liegt darin, daß zwar beide von den vorfindlichen Wissenschaften ausgehen, also die Wissenschaft der Wissenschaftler und nicht irgendwelche (z.B. philosophische) Fiktionen zum Gegenstand nehmen, aber den Wissenschaftstheoretiker (jedenfalls der in diesem Buch vertretenen Richtung) leitet ein *erkenntnistheoretisches Interesse*: Er fragt, was die Resultate der vorfindlichen Wissenschaft als Erkenntnisse oder Wissen im Unterschied zu bloßen Meinungen, Gruppenüberzeugungen, Ideologien oder dogmatischen Lehrstücken auszeichnet. Dies ist die alte, sokratisch-platonische Grundfrage der Philosophie, wie Erkenntnisse durch Angeben von Gründen sich selbst als solche ausweisen können.

Im Interesse größtmöglicher Zustimmungsfähigkeit zu den angestrebten Ergebnissen des Nachdenkens über Wissenschaft soll hier von möglichst schwachen Voraussetzungen ausgegangen werden, die nach Möglichkeit weder von den Fachwissenschaften noch von anderen wissenschaftstheoretischen Richtungen bestritten werden. So soll z.B. nicht unterstellt werden, daß Wissenschaften immer rational seien (als eine optimistische Variante von Wissenschaftsverständnissen), daß somit die historisch vorfindlichen Wissenschaften immer im Recht seien oder die heute bestmöglichen Lösungen gefunden hätten; es soll aber auch nicht (als eine pessimistische Variante) unterstellt werden, die Wissenschaften hätten wegen der institutionellen Rahmenbedingungen, z.B. dem Karrieresystem der Wissenschaftler, allgemein nur parteiische Resultate hervorgebracht. Hier werden mit anderen Worten *weder affirmative*, d.h. zustimmende und überhöhende, *noch negative*, d.h. skeptische oder ablehnende *Grundhaltungen den Wissenschaften gegenüber* einzunehmen sein. Vielmehr soll hier eine neutrale Grundhaltung eingenommen und nicht von wertenden, ungerechtfertigten Vorentscheidungen ausgegangen werden.

Völlig unkontrovers dürfte es sein, daß *Wissenschaften von Menschen hervorgebracht* werden. Wissenschaft Treiben als Forschen, als Lehren, als Anwenden von Resultaten usw. ist immer menschliches Handeln. Mit „Handeln" ist hier (zunächst noch terminologisch vorläufig) gemeint, daß das Treiben von Wissenschaft Menschen nicht einfach unterläuft oder zustößt, sondern daß sich Menschen Ziele setzen und Zwecke verfolgen, wenn sie Wissenschaft treiben. Mit „Handeln" ist, im Unterschied zu bloßem „Verhalten", auch gemeint, daß Handlungen gelingen und mißlingen können, ganz im Sinne des täglichen Sprachgebrauchs, wonach eine Handlung gelungen heißt, wenn sie ihren Zweck erreicht hat, ansonsten mißlungen. *Wissenschaft als Handeln von Wissenschaftlern* zu betrachten und damit nach Zwecken und Mitteln, nach Gelingen und Mißlingen, nach den Akteuren und den Situationen des

Handelns zu fragen, heißt, Wissenschaft in jeder Form, also sowohl hinsichtlich der besonderen Qualität wissenschaftlichen Wissens als auch z.B. hinsichtlich ihrer Institutionen, Spielregeln usw. als menschliche Hervorbringungen, oder mit einer Baumetapher, als *Konstruktionen* zu begreifen. Wie man sich, hier immer noch vorläufig, leicht vor Augen hält, sind die Gegenstände, über die Wissenschaftler in ihren Theorien sprechen, zumindest in dem Sinne „konstruiert", als sie mit wissenschaftlichen Fachausdrücken belegt werden, die besondere, über alltägliche Sprachgebräuche hinausgehende Unterscheidungsgründe und -absichten verraten. Häufig sind sie sogar in dem Sinne konstruiert, als sie erst durch das Treiben von Wissenschaft in die Welt kommen, z.B. ein Integral in der Mathematik, ein Zeitmeßergebnis in der Physik, ein Transuran in der Chemie, ja, vielleicht sind sogar eine Spezies, eine Gesellschaft, ein Grenznutzen, ein Spiralnebel, eine Textstruktur oder eine Revolution Gegenstände, die erst durch die spezielle Perspektive der jeweils zuständigen Fachwissenschaft auf das Vorfindliche als Gegenstand „konstruiert" werden. Doch wir greifen vor.

Vorgetragen wird hier eine *methodisch rekonstruierende Wissenschaftstheorie*, deren Name sich daraus herleitet, daß *Gegenstände und Resultate wissenschaftlicher Methoden als Konstruktionen betrachtet* werden. (Das griechische Lehnwort „Methode", das so viel wie Weg, Hinweg, bedeutet, wird hier im Sinne von „geregelter Handlungsweise" verwendet. Nähere Erläuterungen später.) Diese konstruktive Auffassung ist mit sich selbst in dem Sinne verträglich, als auch die Ergebnisse des Konstruktiven Wissenschafts*theoretikers* „Konstruktionen" sind, die dadurch zustande kommen, daß er vorfindliche Tätigkeiten und Produkte von Wissenschaftlern unter dem Aspekt menschlichen Handelns konstruiert, genauer, *„methodisch rekonstruiert"*. Was heißt das?

In der Vorsilbe „re" (für lateinisch „wieder", „von neuem") kommt zum Ausdruck, daß die Konstruktive Wissenschaftstheorie in ihren Rekonstruktionen die Wissenschaft der Wissenschaftler meint und genau diese, nicht dagegen eine philosophische Erfindung nachkonstruieren möchte. Daß sie dafür bei den üblichen Einteilungen und Sprachgebräuchen bezüglich Wissenschaft ansetzen muß, wurde bereits gesagt. Erläuterungsbedürftig ist, wie dieses Rekonstruieren geschehen soll.

Die Wissenschaften, und zwar alle, haben jeweils bestimmte *Leistungen erbracht*, die der wissenschaftstheoretischen Analyse und Rekonstruktion nicht geopfert werden sollen. Was also z.B. die Naturwissenschaften an technischem Verfügungswissen erbringen, oder die Biowissenschaften an medizinischem Heilwissen, oder die Kulturwissenschaften an Verständnis von Vergangenheit und Gegenwart, soll auch in der „rekonstruierten" Wissenschaft eine einsichtige Leistung bleiben. Darüber hinaus besagt aber die Vorsilbe re im Programm der Rekonstruktion der Wissenschaften, auch die von Wissenschaftlern tatsächlich erhobenen *Ansprüche* (z.B. Naturereignisse erklären zu können, Mechanismen der Volkswirtschaft zu verstehen, Entwicklungen von natürlichem oder von Kulturgeschehen prognostizieren zu können usw.) aufzugreifen. Allgemeiner, *Wissenschaftler erheben Ansprüche*, Wissen oder Erkenntnisse zu produzieren, was dem Wissenschaftstheoretiker die Frage erlaubt, *in welchem Sinne* hier von Wissen und Erkenntnis gesprochen wird, und *mit welchen Mitteln* beansprucht wird, diese so definierten Formen der Wissenschaftlichkeit zu erreichen.

Methodische Rekonstruktion wird also für historisch vorfindliche Wissenschaften gesucht, die als Kulturleistungen nicht nur erreicht worden sind, sondern auch in ihren Leistungen allen Ernstes von niemandem mehr preisgegeben werden wollen. Dieser Hinweis soll vor zwei naheliegenden und häufig auftretenden Mißverständnissen schützen: Einerseits fingiert eine methodische Rekonstruktion nicht einen vorkulturellen Zustand, der gleichsam aus dem Stand des Steinzeitmenschen einen unter allen möglichen kulturellen und historischen Bedingungen erfolgreichen Weg der Wissenschaften tragen soll – gleichsam als Letztbegründung ewiger Wahrheiten; andererseits ist die Nachträglichkeit des methodischen

Rekonstruierens historisch vorgefundener Wissenschaften kein Grund, diesen Rekonstruktionsansatz als bloß historisch oder historisch relativ einzuschätzen und damit in einer allgemeinen relativistischen Skepsis die Beliebigkeit von Wissenschaften zu behaupten. Vielmehr versucht die hier vorgetragene, methodisch rekonstruierende Wissenschaftstheorie einen *Mittelweg zwischen Absolutbegründung und relativistischer Beliebigkeit* zu gehen insofern, als sie kulturelle Errungenschaften wie Sprache, Handwerke und Künste, Technik und Wissenschaften als nicht im Ernst zur Disposition gestellte Errungenschaften zum Ausgangspunkt wählt – weil sie, in einer Art von kumulativem Prozeß einmal erworben, weder rückgängig gemacht werden sollen noch können.

Das Wort „Konstruieren" im Programm der Rekonstruktion von Wissenschaft betrifft nicht nur den schon erwähnten Aspekt, daß Wissenschaft Treiben immer auch Konstruieren ist, sondern betont auch den Konstruktionscharakter der Wissenschaftstheorie selbst. Eine methodisch rekonstruierende *Wissenschaftstheorie fügt* den vorfindlichen Wissenschaften tatsächlich *etwas Neues hinzu*, indem sie eine Darstellung erarbeitet, in der z.B. für tatsächlich ausgeführte Wissenschaftlerhandlungen Zwecke expliziert werden, die von den Fachwissenschaften selbst nicht explizit genannt, wohl aber zu einem Begreifen ihrer Methoden genutzt werden können. Wenn die methodisch rekonstruierende Wissenschaftstheorie z.B. ein bestimmtes Verständnis der Geltung wissenschaftlicher Resultate darlegt, das so von den Fachwissenschaften selbst nicht formuliert wird, so ist dieses Ergebnis der Rekonstruktion seinerseits keine zweckfreie, philosophische Luxuszutat zu den Wissenschaften, sondern wieder auf seine praktische Zweckmäßigkeit für die angestrebte Orientierung im Feld konkurrierender Wissenschaftsverständnisse zu beurteilen.

Damit mag die Einleitung in die Grundlagen der methodisch rekonstruierenden Wissenschaftstheorie abgeschlossen sein. Leitend für das ganze Unternehmen bleibt die praktische Absicht, wissenschaftstheoretisch eine Orientierung im Reden und Handeln in und außerhalb der Wissenschaften gegenüber diesen bereitzustellen, und zwar durch eine Klärung einer eigenen wissenschaftstheoretischen Sprache, die sich der Rekonstruktion des Wissenschafttreibens als zweckgerichtetes Handeln von Wissenschaftlern verdankt. Damit liegt aber auch eine *Gliederung* des Folgenden nahe: Das *Reden über Handlungen*, über Mittel und Zweck, über Zweck und Ziel, über Handelnde, über Bedingungen und Folgen des Handelns usw. muß, soweit es wissenschaftstheoretisch einschlägig ist, *terminologisch geklärt* werden. Da selbstverständlich auch schon gehandelt wurde, als es noch keine Wissenschaften gab, und da selbstverständlich auch außerhalb der Wissenschaften weiterhin gehandelt wird, soll das handlungstheoretische Vokabular dazu benützt werden, die Entwicklung von Wissenschaften *aus vor- und außerwissenschaftlichen Handlungszusammenhängen* zu rekonstruieren. Dabei werden spezifisch wissenschaftliche Merkmale wie die Ausbildung wissenschaftlicher Fachsprachen, die Theoriebildung, das Gewinnen von Erfahrung durch Handeln, allgemein, das Gewinnen von Erkenntnissen durch Handlung und deren Auszeichnung als „transsubjektives" (Erklärung vgl. S. 41f.) Wissen zu klären sein.

Diese Aufgabe stellt sich für alle Wissenschaften schlechthin und bildet deshalb einen ersten Teil, der als „Allgemeine Wissenschaftstheorie" betitelt ist. Schon in diesem allgemeinen Teil werden sich handlungstheoretische Unterscheidungen ergeben, die sich zur Rekonstruktion auch von Abgrenzungen einzelner Fachwissenschaften oder Gruppen von Fachwissenschaften wie Natur- versus Kulturwissenschaften, Ideal- versus Realwissenschaften u.a. eignen. Im einen zweiten Teil, der „Spezielle Wissenschaftstheorie" überschrieben ist, wird es dann eine Überblicksdarstellung im Sinne eines Durchgangs durch exemplarische Disziplinen geben, in dem fächerspezifische Kernprobleme und ihre konstruktive Lösung behandelt werden.

Die Geschlossenheit des hier vorgetragenen Lösungsansatzes darf nicht darüber hinwegtäuschen, daß die angebotenen Lösungen häufig weder übereinstimmen mit Selbstverständnissen von Fachwissenschaften noch mit wissenschaftstheoretischen Explikationen solcher Selbstverständnisse. Deshalb sollen in einem letzten Kapitel einzelne Punkte von Richtungen, Positionen und Auffassungen aufgegriffen und diskutiert werden, die andere, gelegentlich mit den methodischen unverträgliche oder ihnen entgegengesetzte Thesen vertreten. Im Sinne der oben genannten Ziele sollen diese Thesen aus einer konstruktiven Perspektive diskutiert werden, um dem Leser Mittel an die Hand zu geben, sich in der Konkurrenz dieser Vorschläge mit Gründen eine eigene Meinung zu bilden.

4. Allgemeine methodisch rekonstruierende Wissenschaftstheorie

4.1. Lebensweltliche Grundlagen der Wissenschaften

Wissenschaften kommen nicht dadurch in die Welt, daß sich ein Genie dazu entschließt, eine solche zu erfinden und zu etablieren. Wissenschaften entwickeln sich vielmehr allmählich aus dem täglichen Leben heraus – und zwar in Situationen, in denen es bereits „andere" Wissenschaften gibt, aus einem täglichen Leben heraus, in das einerseits die „anderen" Wissenschaften durch Popularisierung sprachlicher Unterscheidungen oder Anwendung und Umgestaltung der Lebensverhältnisse eingegangen sind und andererseits diese „anderen" Wissenschaften schon zum täglichen Leben von Wissenschaftlern geworden sind. Wir wollen dafür sagen, daß *lebensweltliche Praxen zu Wissenschaften hochstilisiert* werden. Dies ist im folgenden Sinne gemeint:

Unter „*Praxen*" (von griechisch *prattein*, handeln, und *praxis*, Handlung) werden Handlungsweisen verstanden, die *von vielen Menschen über längere Zeit hinweg* geübt werden. Ein gutes Beispiel wäre etwa die Ausbildung eines bestimmten Handwerks. Zu einem Handwerk gehören einerseits die spezifischen *manuellen Fertigkeiten* des Handwerkers, die in einer Ausbildung gelehrt und gelernt werden, also eine *Tradition* bilden, die von vielen Menschen, nämlich den Angehörigen eines bestimmten Handwerkerstandes, über längere Zeit hin praktiziert werden. Andererseits gehört dazu eine spezielle *Fachsprache*, wie sie als Fachausdrücke eines jeden Handwerks geläufig sind und sowohl der Lehre des Handwerks als auch der Verständigung der Handwerker in Ausübung ihres Berufs dienen. Wenn von „Praxen" die Rede ist, sollen also im erläuterten Sinne stets *tatsächlich praktizierte* Praxen gemeint sein und nicht hypothetische oder fiktive Bereiche menschlichen Handelns. Ihre Etabliertheit, ihre Traditionsbildung und ihre Vermischung von sprachlichen und nicht-sprachlichen Teilen gehört hier immer dazu.

Mit dem Wort *„lebensweltlich"* soll, ungeachtet der sonstigen philosophischen Verwendung des Wortes z.B. in der Phänomenologie, gemeint sein, daß es sich um *Praxen der Lebensbewältigung* handelt, d.h., daß die etablierten Praxen der *Befriedigung allgemeiner Bedürfnisse* dienen. Mit anderen Worten, die lebensweltlichen Praxen sind keine zufälligen Luxuserscheinungen, sondern unter den Bedingungen und Erfordernissen der Lebensbewältigung, nämlich knapper Güter und menschlicher Bedürftigkeit eingespielte Handlungsbereiche. Es versteht sich von selbst, daß gerade das Beispiel des Handwerks zeigt, wie sich bestimmte Weisen *zweckmäßigen* Handelns etabliert haben, weil die Erreichung der Zwecke handwerklicher Handlungen zu Produkten führen, die von vielen Menschen für ihr Leben benötigt werden.

Was es heißt, solche lebensweltlichen Praxen würden zu Wissenschaften *„hochstilisiert"*, mag zunächst an einem Beispiel erläutert werden: Bekanntlich geht die Ausbildung mancher Wissenschaften mit einem *Übergang vom Qualitativen zum Quantitativen*, insbesondere mit der Einführung von Messen und Rechnen einher. So hat sich z.B. die neuzeitliche Physik im 17. Jahrhundert von Descartes über Galilei zu Newton, oder die neuzeitliche Astronomie im 16. Jahrhundert bei Kepler nicht zuletzt dadurch von der Physik der aristotelischen Tradition abgesetzt, daß Messungen von Winkeln und Längen, von Dauern, Gewichten usw. durchgeführt wurden. Die Meßkunst hat schließlich das Experiment vom bloßen Herumprobieren zu unterscheiden erlaubt.

Aber wenigstens 2000 Jahre, bevor das Messen für Astronomie und Physik eine Rolle zu spielen begann, haben sich *Meßkünste*, übrigens genau derjenigen Größen, etabliert, die dann in der Klassischen Physik eine Rolle spielen sollten: Schon in Mesopotamien, dann im alten Ägypten wurden Meßverfahren für die räumlichen Größen Länge, Fläche und Volumen, für Zeitdauern und für Gewichte entwickelt, und zwar zur Bewältigung lebensweltlicher Aufgaben wie der Landvermessung, des Handels, des Handwerks vom Häuserbau bis zur Geräteherstellung usw. Was aber ist dann der *Unterschied* zwischen einer *lebensweltlichen* und einer hochstilisierten, „*wissenschaftlichen*" Meßkunst? Um in heute aktuellen Beispielen zu antworten, die lebensweltlichen Meßkünstler wie Maurer, Schreiner, Schneider, Feinmechaniker, aber auch Landvermesser oder Seefahrer verfügen jeweils über eine „regionale" Meßkunst; d.h., sie haben Verfahren und dazugehörige Meßgeräte vom Meterstab über das Bandmaß, den Meßzirkel oder den Sextanten entwickelt, die allein durch ihre Zweckmäßigkeit für den jeweiligen Anwendungsbereich ausgezeichnet sind. Es bedarf zu dieser lebensweltlichen, auf einen begrenzten, eben regionalen Anwendungsbereich bezogenen Meßkünste weder einer Theorie noch einer speziellen Rechtfertigung. Die *praktische Bewährung* allein genügt. (Dies gilt auch dann noch, wenn diese lebensweltlichen Meßkünste bereits wissenschaftsgestützt sind – wie etwa die Verwendung von Laser-Technik in der Landvermessung: Auch hier sind es allein die Kriterien praktischer Bewährung, die eine Eignung bestimmter Meßtechniken für spezielle Anwendungsbereiche entscheiden.)

Anders dagegen in der wissenschaftlichen Meßkunst. Es gibt viele Wissenschaften, in denen z.B. die räumlichen Messungen eine Rolle spielen, von der Astronomie über die Physik zur Chemie, von der Geographie über die Mineralogie bis zur Psychologie, von der Physiologie über die Anatomie bis zur Biologie. Einheitlich benützen sie aber alle *denselben Längenbegriff*, d.h., Aussagen etwa über Längenverhältnisse an einem Kristall, einem astronomischen Ereignis, einem Skelett oder einem Sinnesorgan bedienen sich alle derselben Begrifflichkeit. Zwar ist es nach wie vor so geblieben, daß für bestimmte Anwendungs- und Größenbereiche auch in den Wissenschaften *verschiedene Meßtechniken* benützt und weiterentwickelt werden. Aber wenn z.B. der Astronom eine Aussage über die räumliche Konstellation von Himmelskörpern, und, ebenfalls im Bereich seiner wissenschaftlichen Fachkompetenz, eine Aussage über die Abmessungen von Spiegeln und Linsen in seinem Fernrohr macht, bedient er sich desselben Größenbegriffs.

Die Hochstilisierung der lebensweltlichen zur wissenschaftlichen Meßkunst läßt sich also u.a. daran erkennen, daß eine *Universalisierung oder Verallgemeinerung der Sprache* zu Begriffen stattfindet, die für eine Fülle verschiedener (Meß-)praxen Geltung hat. Diese „Geltung" besteht nicht nur in einem allgemeinen Sprachgebrauch, sondern hat auch etwas mit der *sprachfreien* Seite der Meßkunst zu tun: Bekanntlich haben die messenden Wissenschaften großen Erfolg damit errungen, mit Meßresultaten Berechnungen anzustellen – z.B., um eine Mondfinsternis vorherzusagen oder eine funktionsfähige Maschine zu konstruieren. Damit müssen aber Maßzahlen Eigenschaften haben, die den rechnenden Umgang mit ihnen nicht sinnlos machen. Zum Beispiel müssen die Werte einer Meßreihe, wie man sie schon im physikalischen Schulunterricht auszuführen lernt, sinnvoll aufeinander beziehbar sein. Das heißt aber, *von den Meßresultaten* werden *logische und mathematische Eigenschaften* verlangt, wie sie den Rechenregeln für Zahlen zugrunde liegen. Wer aber verlangt hier von wem was?

Die Antwort muß lauten, daß *der Konstrukteur und der Benutzer* von Meßgeräten diesen die Eigenschaften gibt bzw. bei ihnen aufrechterhält, die dafür sorgen, daß die Vergleichbarkeit von Meßresultaten im geschilderten mathematischen Sinne gewährleistet ist. Während sich also z.B. ein Schneider nicht die geringsten Sorgen darüber machen muß, ob zu Navigationszwecken die Verwendung eines Bandmaßes im großen Maßstab sinnvoll wäre, muß der Wissenschaftler, der ein bestimmtes Längenmeßverfahren praktiziert, sicher sein, daß deren Resultate infolge der künstlich herbeigeführten Meßgeräteeigenschaften genau diejenigen logischen und mathematischen Strukturen aufweisen, die bei Berechnungen in Anspruch genommen werden.

Die „*Hochstilisierung*" der lebensweltlichen Meßpraxis besteht also nicht nur in der Einführung universell verwendbarer Begriffe mit logischen Eigenschaften, die durch technische Maßnahmen bei Herstellung und Verwendung von Meßgeräten sichergestellt werden müssen, sie besteht auch in einer Ausbildung von *Verfahren, die diskursfähig im Hinblick auf die Zwecke der Wissenschaft* sind. Das heißt, es muß sich argumentierend vertreten lassen, daß die künstlich herbeigeführten und aufrechterhaltenen Meßgeräteeigenschaften dem *wissenschaftlichen Zweck* dienen, *universelle Aussagen* mit Hilfe von Meßresultaten zu gewinnen. Was im Bereich lebensweltlicher Meßkunst einfach bewährte Praxis ist, erfüllt den Anspruch auf wissenschaftliche Hochstilisierung erst dann, wenn *von bewährten* (aber nicht explizit beschriebenen) *Handwerkerregeln* auf *explizit beschriebene Methoden* übergegangen wird, deren Zweckmäßigkeit ihrerseits explizit, d.h. im Rahmen ausdrücklicher Beschreibungen und bezogen auf ausdrücklich vorgegebene Zwecke, als zweckmäßig oder als geeignetes Mittel *ausweisbar* ist.

Abgehend vom Beispiel der Meßkunst sei nun generell unter *Hochstilisierung* lebensweltlicher Praxen zu Wissenschaft verstanden, daß *Terminologien mit universellen Begriffen* ausgebildet werden, und daß bewährte Handlungsregeln in ausdrücklich beschriebene und *als zweckmäßig ausgewiesene Methoden* überführt werden. Man beachte, daß für den Unterschied von Handwerker- und Wissenschaftssprache nicht schon die ausdrückliche Lehr- und Lernbarkeit hinreichend ist. Selbstverständlich kann auch die Fachsprache eines Handwerks ausdrücklich gelehrt und gelernt werden. Für eine wissenschaftliche Terminologie tritt die Forderung hinzu, daß es ein *kohärentes und konsistentes Begriffssystem* gibt, d.h., eine Aufzählung von Fachausdrücken, die alle in angebbarer definitorischer Beziehung miteinander zusammenhängen (kohärent sind) und die im System dieser Beziehungen keinen logischen Widerspruch enthalten (konsistent sind). Für den Übergang von Handlungsregeln zu wissenschaftlichen Methoden reicht analog nicht deren praktische Bewährung, die wieder für beide gegeben sein muß, sondern es ist von wissenschaftlichen Methoden zu fordern, daß sie in ausdrücklicher Argumentation im Hinblick *auf explizit beschriebene Zwecke* als *geeignet, ausreichend und erfolgversprechend* ausgewiesen werden können.

Man kann dafür auch sagen, die *Wissenschaftssprache* muß gegenüber der Sprache lebensweltlicher Praxen „*theoriefähig*" sein, d.h., zusammenhängende und logisch widerspruchsfreie Aussagensysteme ermöglichen, und die *wissenschaftlichen Methoden* müssen gegenüber den Handwerker- oder sonstigen lebensweltlichen Handlungsweisen „*philosophiefähig*" sein, d.h. einen metasprachlichen Diskurs über ihre Zweckmäßigkeit bezüglich expliziter Zwecke der jeweiligen Fachwissenschaft bestehen.

4.2. Handlungstheoretische Grundlagen der Wissenschaften

Da, wie oben erläutert, die methodisch rekonstruierende Wissenschaftstheorie das Programm verfolgt, Wissenschaften als menschliches Handeln zu rekonstruieren, soll nun *für das Reden über Handlungen* eine eigene *Fachsprache* so weit erläutert und festgelegt werden, wie sie für diese Aufgabe erforderlich ist. Die alltagssprachlichen Mittel sind hierfür jedenfalls zu ungenau und unvollständig. Es geht jedoch weder um eine Handlungstheorie als Selbstzweck noch als Mittel, alle nur überhaupt erdenklichen Aspekte menschlichen Handelns abzudecken.

Zwar kennt jeder Sprecher der deutschen Sprache das Wort „Handeln", kann sich aber auch leicht davon überzeugen, daß sich das Wort „Verhalten" so weit in die Alltagssprache eingebürgert hat, daß wir gewöhnt sind, Handlungen ein Verhalten zu nennen: Man fragt z.B., wie sich jemand verhält, der als Kaufhausdieb erwischt wird, der einen Lottogewinn erzielt oder ungerecht beschuldigt wird. Häufig ist dabei auch die Sprechweise anzutreffen, wie jemand „reagiere", dem dies oder jenes zustößt.

Die Wörter „Verhalten" und „Reagieren" sind jedoch auch dort geläufig, wo es um Tiere, Pflanzen, ja auch um Unbelebtes geht. Man fragt, wie der Hund, dem man seinen Knochen wegnimmt, reagiere oder sich verhalte, die Pflanze, wenn man sie mit angesäuertem Wasser gießt, oder der Eisendraht, wenn man ihn erwärmt. Das heißt aber, daß mit den Wörtern „Verhalten" und „Reagieren" gerade kein Unterschied mehr zwischen menschlichen Handlungen und den exemplarisch genannten Geschehnissen gemacht wird.

Hier dagegen soll gerade dieser Unterschied betont werden, den man dann alltagssprachlich gerne dadurch erläutert, daß man darauf hinweist, Handlungen seien „bewußt" oder „absichtsvoll", was vom erwärmten Draht, und von der Pflanze nicht gesagt werden kann und bei Tieren meist schon zu einem Streit führt, ob Tiere „ein Bewußtsein haben". Es bringt also nicht weiter, ein erklärungsbedürftiges Wort wie „Handlung" durch andere, noch viel erklärungsbedürftigere Wörter wie Absicht, Bewußtsein o. ä. erläutern zu wollen.

Wir gehen deshalb hier anders vor und *greifen auf Fähigkeiten und Fertigkeiten zurück*, über die jeder Leser bereits verfügt (sonst könnte er nämlich kein Leser sein). Zum Beispiel versteht jeder Leser schon, was damit gemeint ist, daß er z. B. gerade diesen Text liest, daß er einen Brief schreibt, einen Ball wirft, ein Essen zubereitet, eine Verabredung trifft, usw. Er kann diese Beispiele unterscheiden etwa davon, zu erschrekken, zu stolpern, zu niesen, sich zu versprechen, aber auch von Vorgängen wie Atmung, Puls, Verdauung. Wir könnten unser tägliches Leben nicht bewältigen, wenn wir nicht zu unterscheiden gelernt hätten, ob z. B. jemand versehentlich über einen Hund stolpert oder ihn absichtlich tritt. Mit Sicherheit ließe sich auch keine wissenschaftliche Forschung treiben, wenn nicht unterschieden würde z. B. zwischen dem absichtlichen Zusammengießen zweier Substanzen durch einen Chemiker und einem versehentlichen Verschütten einer Flüssigkeit.

Unsere Unterscheidungsfähigkeit bezieht sich hier auf Beispiele, durch die exemplifiziert werden kann, was „*Handlungen*“ (in der ersten Beispielreihe) und was „*Verhalten*“ (in der zweiten Beispielreihe) sind. Man sagt dafür auch, die Prädikatoren „Handlung“ und „Verhalten“ sind durch Angabe solcher Beispiele *exemplarisch bestimmt*. Exemplarische Bestimmungen sind für (nach üblichem Verständnis) typische Fälle klar und verläßlich. Dies heißt aber nicht, daß es nicht auch Grenzfälle gibt, wie z.B. Handlungen, die durch Übung und Routine dann wie ein Verhalten ablaufen – man denke an die Handlungen des Fahrschülers, im Vergleich zu den routinierten Tätigkeiten eines geübten Autofahrers. Es bedarf also zur exemplarischen Bestimmung hinzu *weiterer terminologischer Erläuterungen*:

Zu Handlungen kann man sinnvoller Weise *auffordern*, zu Verhalten nicht. Handlungen kann man *unterlassen*, Verhalten nicht. Zu Handlungen kann man sich *entschließen*, zu Verhalten nicht. Beim Verhalten ist es nicht sinnvoll, jemanden dazu aufzufordern, etwa zum Stolpern oder zum Niesen, und wenn es doch geschähe, und jemand würde, z.B. als Schauspieler, das Stolpern oder das Niesen spielen, so sind genau dies nach unserem allgemeinen Verständnis Handlungen des Schauspielens, die sich vom „wirklichen“ Stolpern oder Niesen gerade dadurch unterscheiden, daß sie gespielt sind.

Einen weiteren Grenzfall bilden die Unterlassungen. Einerseits kann man einen Menschen auffordern, etwas zu unterlassen, was dafür spräche, Unterlassungen als eine besondere Form von Handlungen aufzufassen. In diesem Sinne nimmt etwa der Gesetzgeber den Bürger durch Androhung von Strafe bei unterlassener Hilfeleistung in die Pflicht. Andererseits ist das Unterlassen einer Handlung schon dem alltäglichen Sprachverständnis nach ein Nicht-Handeln, für das auch der philosophische Laie wie selbstverständlich unterscheidet, ob es absichtsvoll geschieht oder nicht. Denkt man an Beispiele sich ausschließender Handlungen wie z.B. eine Leiter hinauf- und hinunterzusteigen, wäre es nur eine unfruchtbare Aufblähung des Sprachgebrauchs, das Ausführen der einen Handlung zugleich als Unterlassung der jeweils anderen (oder einer beliebigen dritten) zu bezeichnen. Man wird also von Fall zu Fall darauf achten müssen, ob Unterlassungen Handlungen sind oder nicht – was daran entschieden werden kann, ob es auf das Kriterium ankommt, Befolgung einer Aufforderung oder eines Entschlusses zu sein, oder aber, ob es auf das Kriterium ankommt, gelingen oder mißlingen zu können. (Eine Rolle spielen die Kriterien der erstgenannten Art etwa dort, wo in einem naturwissenschaftlichen Experiment bestimmte Handlungen des Eingreifens in den experimentellen Verlauf unterlassen werden müssen, obgleich andererseits bestimmte Bedingungen technisch aufrechtzuerhalten sind, während Kriterien der zweiten Art eine Rolle spielen, wo es – etwa in psychologischen Untersuchungen – um Auskünfte von Personen geht, die behaupten, trotz Vorsatzes eine bestimmte Handlung nicht unterlassen zu können, also ein Mißlingen des Unterlassens zu behaupten.)

Damit ist bereits ein weiterer, wissenschaftstheoretisch weit wichtigerer Unterschied von Handeln und Verhalten ins Gespräch gekommen, der darin liegt, daß Handlungen *gelingen* und *mißlingen* können, Verhalten jedoch nicht. (Der Leser führe sich dies an den aufgezählten Beispielen für Handlungen und Verhalten selbst vor Augen.)

Diese Unterscheidung muß im folgenden als eine strikt durchgehaltene dem Leser zugemutet werden, obgleich sie gerade nicht mit dem üblichen Sprachgebrauch der Alltagssprache zusammenfällt – dem Leser wird also Sprachkritik an einer eigenen Gewohnheit abverlangt, was später ausdrücklich noch zu rechtfertigen sein wird. Doch zunächst weiter im Aufbau einer handlungstheoretischen Terminologie!

Als Oberbegriff zu Handlung und Verhalten soll das Wort „*Regung*" verwendet werden, d.h., sowohl Handeln als auch Verhalten ist eine Regung, aber kein Handeln ist ein Verhalten und umgekehrt.

Und wie schon bisher im Text sollen Regungen auch *Geschehnisse* heißen, als Oberbegriff zu Regung und „*Bewegung*", die ihrerseits keine Regung ist , also z.B. Bewegungen von Wolken, fallenden Steinen, von Pflanzen und Tieren. Auch der freie Fall eines Fallschirmspringers ist eine Bewegung, jedoch weder eine Handlung noch ein Verhalten.

Dem Handeln ist nicht nur das Verhalten gegenüberzustellen, sondern auch das „*Widerfahren*". Ein *Widerfahrnis* ist ein Geschehnis, das einem zustößt, widerfährt. Wer vom Blitz oder vom berühmten Dachziegel getroffen wird, wer sich mit einem Krankheitserreger infiziert oder im Lotto gewinnt, dem widerfährt etwas. Widerfahrnisse sind also einerseits Geschehnisse, andererseits unter keinen Umständen (eigene) Handlungen – allenfalls fremde, wie z. B. ein Schlag durch eine andere Person.

Man kann sich an Beispielen verdeutlichen, daß auch das Verhalten uns widerfährt. Es widerfährt uns nämlich, daß wir erschrecken, stolpern, uns versprechen, daß unser Stoffwechsel stattfindet usw. Wir wissen sogar, daß wir *handelnd* das Stattfinden von *Verhalten* sowie von anderen *Widerfahrnissen*, die kein Verhalten sind, *befördern oder verhindern* können: Wer nie einen Lottoschein ausfüllt, wird auch nie gewinnen, und wer sorgfältig aufpaßt, wird nicht stolpern.

Kehren wir zu den Handlungen zurück! Noch etwas ungenau war vorhin davon die Rede, daß Handlungen gelingen und mißlingen können. Ersichtlich lassen sich dabei zahlreiche Fälle unterscheiden, die hier zunächst nur angedeutet und erst später ausführlich dargelegt seien, wo die unmittelbare Anwendung dieser Unterscheidungen auf wissenschaftstheoretische Fragen ansteht, d. h. die vorgetragenen Unterscheidungen als erforderlich und zweckmäßig eingesehen werden können. Eine Handlung kann z. B. *mißlingen*, weil der Handelnde sie *nicht* hinreichend *beherrscht* – etwa, wenn der Klavierschüler Mozarts Kleine Nachtmusik vorspielen soll; oder sie kann mißlingen, weil die *Umstände ungeeignet* sind, wie beim Schwimmen ohne Wasser, beim Kuchenbacken mit schlechten Eiern, beim Schreinern ohne Werkzeug oder Holz, oder auch beim Wettlaufen, wenn niemand bereit ist, mitzulaufen. Handlungen können aber auch mißlingen, wo der Handelnde „alles richtig" gemacht hat; er hat z. B. nach allen

Regeln der Gärtnerkunst einen Obstbaum gepflanzt und gewässert, aber Wühlmäuse haben die Wurzeln abgefressen, so daß der Baum abstirbt. Oder man hat im Winter die Scheibe des Autos gegen Vereisung abgedeckt, aber jemand hat die Abdeckung weggenommen.

An diesen Beispielen läßt sich mehreres verdeutlichen: Erstens haben auch *Handlungen* einen *Widerfahrnischarakter*, und zwar insofern, als uns das Gelingen oder Mißlingen einer Handlung zustößt, widerfährt. Dafür sagen wir üblicherweise, man mache eine „*Erfahrung*". Erfahrungen sind also in diesem Sinne Widerfahrnisse, die immer an eine Handlung gebunden sind. Wir sagen ja auch in der Alltagssprache, Erfahrungen werden *gemacht*, d.h. aktiv, nicht passiv gewonnen. Nun könnte man einwenden, es habe zwar jemand vielleicht leichtsinnig gehandelt, als er bei starkem Gewitter über freies Feld ging, aber vom Blitz getroffen zu werden, sei ein Widerfahrnis, das man nicht als das Mißlingen der Handlung des Spazierengehens, sondern eher als „zufälliges" Ereignis ansehen müsse. Dem ist zu entgegnen: Wo immer ein Widerfahrnis nicht sinnvollerweise in Verbindung gebracht werden kann mit einer gerade ausgeführten Handlung in dem Sinne, daß es auch nicht als deren Gelingen oder Mißlingen aufgefaßt werden darf, dann möge dieses Widerfahrnis eben auch nicht „Erfahrung" heißen. Vielmehr soll im folgenden nur von *gemachten Erfahrungen* im Sinne gelingender oder mißlingender Handlungen gesprochen werden. (Auf angeblich passive Sinneserfahrungen kommen wir später zu sprechen.)

Zweitens zeigen diese Beispiele, daß das Widerfahrnis des Gelingens oder Mißlingens einer Handlung höchst unterschiedlicher Natur sein kann (und in dieser Vielfalt auch im Treiben von Wissenschaft eine Rolle spielt). Der Klavierschüler, der beim Vorspiel der Kleinen Nachtmusik einen Fehler macht, gewinnt dadurch die Erfahrung, daß er das Handlungsschema, das er gerade dabei ist, zu aktualisieren, z.B. mangels Übung noch nicht ausreichend beherrscht, oder aus Müdigkeit gerade jetzt nicht beherrscht, oder aus anderen Gründen und Umständen. Von anderer Art sind die Fälle des

Mißlingens, wo der Handelnde zwar das Handlungsschema beherrscht, aber nicht aktualisieren kann, weil die Umstände es nicht zulassen, wie beim Fehlen des Wassers für das Schwimmen, bei den verdorbenen Eiern für das Kuchenbacken, beim Fehlen eines Werkzeugs oder des Materials für den Schreiner. Hier können die entsprechenden Handlungen erst gar nicht begonnen werden. Wieder anders liegen die Fälle, in denen der Handelnde seine Handlung nicht nur ausführt, sondern sogar richtig ausführt, und dennoch keinen Erfolg hat, weil nach seiner Handlung ein Ereignis den Erfolg vereitelt; dieses Ereignis kann selbst eine Handlung sein, wie im Falle der entwendeten Abdeckung einer Scheibe am Auto, oder auch nicht, wie im Falle der Wühlmausschädlinge. Der Leser mag versuchen, diese Beispielfälle zu vergleichen mit dem Mißlingen einer komplizierteren Rechnung oder eines mathematischen Beweises, dem Mißlingen, in einer archäologischen Grabung eine vermutete Kultstätte zu entdecken, oder nach Bahnberechnungen durch astronomische Beobachtung einen Planetoiden im Sonnensystem, und mit dem Mißlingen eines Experiments in der Chemie. (Diese und weitere Fälle werden ausführlich im zweiten Teil, der speziellen Wissenschaftstheorie, behandelt; hier geht es nur um die Vorbereitung einschlägiger Unterscheidungen.)

Beiläufig wurden bei der Diskussion dieser Beispiele schon weitere Sprechweisen eingeführt: Den Handlungen werden *„Handlungsschemata“* gegenübergestellt, was zum Ausdruck bringen soll, daß „Handlung“ für die von einer (oder mehreren) bestimmten Person zu einer bestimmten Zeit *tatsächlich ausgeführte Handlung* verwendet wird, während die bisher vorgekommenen Handlungswörter wie lesen, grüßen, (ein Essen) zubereiten usw. „Handlungsschemata“ bezeichnen, also einen bestimmten Typ von Handlung, der immer wieder ausgeführt, „aktualisiert“ werden kann, wie im folgenden gesagt werden soll. Nur wo es nicht zu Mißverständnissen führt, wird abkürzend das Wort „Handlung“ anstelle von „Handlungsschema“ verwendet, z. B. im folgenden:

Es entspricht schon unserem alltäglichen Sprachgebrauch und Vorverständnis, daß Handlungen auf *Zwecke* gerichtet sind. Man liest, grüßt, bereitet ein Essen, entzündet ein Streichholz usw. fast immer „um zu ...“, d.h. wegen irgendeines erwünschten Sachverhalts, der sehr oft in der Möglichkeit zu einer Anschlußhandlung besteht. Man möchte wissen, was im gelesenen Text steht, möchte dem Begrüßten etwas berichten, möchte die bereitete Mahlzeit essen, möchte mit dem Streichholz eine Kerze entzünden. Handlungen sind so gut wie niemals isolierte Einzelgeschehnisse, sondern finden praktisch immer statt in sogenannten *Handlungsketten*, die ihrerseits zweckgerichtet sind. Was aber sind „Zwecke“?

Wir wollen im folgenden unter „*Zweck*“ einen *Sachverhalt* verstehen, der vom Handelnden erwünscht oder angestrebt wird, und dessentwegen er die Handlung ausführt, weil er überzeugt ist, mit dieser Handlung den erwünschten Sachverhalt herbeiführen zu können. „Sachverhalte“ werden *durch Aussagen dargestellt*. Sachverhalte sind also keine, sozusagen menschenunabhängig herumgeisternden, geheimnisvollen Gegenstände, sondern müssen – per terminologischer Festlegung – immer durch eine Aussage dargestellt werden können. Von anderen, d.h. sprachlich nicht darstellbaren Sachverhalten kann ersichtlich nicht gesprochen werden. Man lasse sich nicht dadurch irritieren, daß die deutsche Alltagssprache auch Substantiva bereithält, die einigen durch eine Aussage dargestellten Sachverhalten zugesprochen werden können, wie z.B. dem Sachverhalt, daß dieses jetzt von mir gerade entzündete Streichholz brennt, das Substantiv Brennen. Eine wirklich ausgeführte, einzelne Handlung bezweckt (und erreicht im günstigen Falle) immer nur einen Sachverhalt, der durch eine Aussage dargestellt werden kann, und dieser Darstellung kann dann – inhaltsgleich und zu Abkürzungszwecken – eine substantivische Form gegeben werden, z.B. „das Brennen dieses Streichholzes“ für „der Sachverhalt, daß dieses Streichholz (jetzt) brennt“. Man sollte deshalb nicht sagen, der Zweck des Backens sei der Kuchen – nur das Haben, Essen oder Verschenken des Kuchens ist ein Sachverhalt und damit ein (möglicher) Zweck.

Nun können wir den oben exemplarisch eingeführten Sprachgebrauch vom Gelingen und Mißlingen von Handlungen weiter präzisieren: Eine Handlung heiße *mißlungen*, wenn sie ihren *Zweck verfehlt*, und *gelungen*, wenn sie ihren *Zweck erreicht*. Zu diesem, mit unserem alltäglichen Sprachgebrauch verträglichen Vorschlag paßt jedoch nicht das Beispiel mit dem Musizieren: Es wäre befremdlich, zu sagen, der Zweck des Klavierspiels sei das richtige Klavierspiel. Wir haben also zu unterscheiden zwischen den Fällen des Mißlingens, bei denen die beabsichtigte Handlung nicht zustande kommt, und den Fällen des Mißlingens, bei denen eine ausgeführte Handlung ihren Zweck verfehlt.

Die schlichte Tatsache, daß Handlungen nie isoliert, sondern immer in Handlungsketten auftreten bzw. ausgeführt werden, verweist darauf, daß auch Zwecke aufeinander bezogen und voneinander abhängig sind. Normalerweise entzündet man kein Streichholz, nur damit es brennt, sondern um eine Kerze oder ein Feuer zu entzünden, oder im Dunkeln ein Schlüsselloch zu finden. Das heißt, man hat für Handlungsketten zu fragen, *welchem Zweck* sie *als ganze Handlungskette* dienen – und hier wieder viele Fälle zu unterscheiden. Manche Handlungen werden nämlich nur zu dem Zweck ausgeführt, eine bestimmte *Anschlußhandlung ausführen zu können* – man denke an das Entkorken einer Flasche, das Eingießen des Inhalts in ein Glas und das Trinken. Manche anderen Handlungen werden aber ausgeführt, um damit *ein Geschehnis in Gang zu setzen*, das selbst keine Handlung ist, wie etwa das Einpflanzen und regelmäßige Bewässern eines Baumes, bei dem es natürlich darum geht, daß dieser dann wächst, blüht und etwa Früchte trägt. Manche Handlungen dienen der Aufrechterhaltung eines Sachverhalts (wie beim Heizen) oder der Vermeidung eines Sachverhalts (wie beim Aufspannen eines Regenschirmes). Es gibt aber auch Fälle, bei denen Handlungen auf einen *Zweck* gerichtet sind, *an dem* etwas für den Handelnden erwünscht ist; dieses Erwünschte soll im folgenden „*Ziel*" heißen. Wenn z.B. jemand die Handlung des Feuermachens in einem offenen Kamin ausführt, ist der Zweck das Brennen des Feuers und das Ziel die gemütliche Stimmung, die das offene Feuer verbreitet. (Manche Handlungstheoretiker halten die Unterscheidung von Zweck und Ziel für überflüssig – tatsächlich dürfte man ja als den Zweck des Feuermachens im offenen Kamin die Herstellung einer gemütlichen Stimmung bezeichnen –, oder aber sogar für fehlerhaft, weil sie einen Unterschied suggeriert, wo es doch der Sache nach nur um zweckgerichtetes Handeln geht, also kein Unterschied von Zweck und Ziel bestehe. Eine liberale Lösung dieses Streits ist darin zu sehen, die Unterscheidung von Zweck und Ziel z.B. dort zuzulassen, wo bei feststehenden Zwecken einer bestimmten Handlung Selbstdeutungen und Umdeutungen der damit verfolgten Ziele verbunden werden sollen.)

Schließlich wird noch ein Wort zur näheren Charakterisierung der Umstände benötigt, an denen oben die Bedingungen des Mißlingens erläutert wurden: Wenn dem Schreiner das Werkzeug oder das Holz zum Schreinern fehlt, so fehlen ihm „*Güter*“ für die Ausführung seiner Handlungen. Ein „*Gut*“ ist also derjenige Gegenstand (bzw. diejenigen Gegenstände), die für die Ausführung von Handlungen unverzichtbar sind oder für unverzichtbar gehalten werden.

Zum Abschluß sollen noch einige verschiedene *Typen von Handlungen* und, damit zusammenhängend, verschiedene *Typen von Mittel-Zweck-Verhältnissen* angesprochen werden.

Oben war als eine Möglichkeit des Mißlingens von Handlungen die des Wettlaufens genannt, sofern niemand bereit ist, mitzulaufen. Das heißt, es gibt Handlungen, die nicht ausgeführt werden können, weil sie „*gemeinschaftlich*“ sind und das Mithandeln anderer Personen verlangen. Wir unterscheiden deshalb „*personale*“ und „*interpersonale*“ *Handlungen.*

Ein anderer Unterscheidungstyp, der wissenschaftstheoretisch von sehr großer Bedeutung ist, geht schon auf Aristoteles zurück: das „*poietische*“ (von griechisch *poiesis*, Herstellung) oder herstellende Handeln wie z.B. das Schreinern oder das Kochen, und „*praktische*“ Handlungen für alle anderen, nicht-poietischen Handlungen. Jemanden zu grüßen, ein Gedicht zu rezitieren, oder eine Wahl anzunehmen sind praktische Handlungen, wie überhaupt alle das Reden, Denken, Beobachten usw. betreffenden Handlungen praktische sind – es wird später z.B. zu klären sein, ob die sogenannten „kognitiven Leistungen“ des Menschen wie Wahrnehmen, Entdecken, Erkennen usw. praktische Handlungen sind.

Aus dem Alltagsleben sind uns viele Fälle von Handlungen bekannt, die sowohl einen *poietischen* als auch einen *praktischen* Charakter oder *Aspekt* haben, so daß zwar die definitorische Trennung von poietisch und praktisch streng ist, aber *beide Aspekte an derselben Handlung* vorkommen können. Man denke etwa daran, daß jemand einen Text auf einen Grabstein meißelt, oder einfach nur einen Brief schreibt: Dann tut er einerseits etwas Handwerklich-Technisches und verfertigt ein Produkt wie den Grabstein oder das beschriebene Papier; andererseits führt er eine Handlung aus, mit der er z.B. einer anderen Person etwas mitteilen möchte – und in diesem Sinne nicht ein Produkt erzeugt, so wenig, wie das Lautereignis beim Klavierspiel im selben Sinne ein bleibendes Produkt wäre wie der Grabstein oder der Brief.

Gewisse Schwierigkeiten dürften sich einstellen, die bisher vorgetragenen Unterscheidungen auf sogenannte „*Mußehandlungen*“ anzuwenden, z.B. auf den Fall, daß ein fröhlicher, einsamer Spaziergänger ein Lied vor sich hinpfeift. Nach den Kriterien, daß dazu aufgefordert werden kann und daß dieses Pfeifen gelingen oder mißlingen kann, haben wir hier selbstverständlich eine Handlung vor uns, aber es lassen sich weder Zweck noch Ziel dieser Handlung nennen. (Man könnte sie im Vergleich zu denjenigen Handlungen, die erkennbar Glieder einer zweckgerichteten Handlungskette sind, vernachlässigen, wäre nicht in den Wissenschaften das Argument geläufig, der Forscher forsche „zweckfrei“ und nur, weil es ihm Spaß mache, und Forschungsresultate seien dann sozusagen ein nebensächliches oder zufälliges, aber nützliches Abfallprodukt von Forschung. Auch darauf werden wir zurückkommen.)

Für solche Mußehandlungen läßt sich nicht angeben, in welchem Sinne sie zweckbestimmt sind oder welches Ziel sie verfolgen. Für alle anderen dagegen lassen sich wieder Fälle klar unterscheiden, die auch in den Wissenschaften auftreten: Wenn jemand z.B. mit Zirkel und Lineal ein reguläres Sechseck konstruiert, indem er zuerst einen Kreis zeichnet und dann, bei festgehaltener Öffnung des Zirkels, auf diesem Kreis den Radius so oft abträgt, bis er die sechs Eckpunkte konstruiert hat, so wird er am Ende aus logischen Gründen ein reguläres Sechseck erhalten, d.h. die *Beschreibung des Produkts der poietischen Handlung wird sich logisch aus der Beschreibung der Konstruktionshandlungen* ergeben. Ein logischer Zusammenhang zwischen Handlungen und ihren Zwecken kann aber auch noch einfacher aussehen, etwa, wenn jemand Kochsalz einkauft und dabei vor allem Natriumchlorid, versetzt mit geringen Anteilen von Kaliumchlorid kauft – denn Kochsalz ist vor allem Natriumchlorid mit Anteilen von Kaliumchlorid. Diese Fälle unterscheiden sich also offensichtlich von jenen, bei denen Anschlußhandlungen oder Ereignisse, die keine Handlungen sind, zur Erreichung des eigentlich gewünschten Zwecks oder Ziels führen. Dort spielen entweder ein (Handlungs-)Wissen über die Anschlußhandlungen oder ein (Erfahrungs-)Wissen über Ereignisse, die keine Handlungen sind (wie beim Wachsen des Baumes) eine Rolle.

Damit ist die Terminologie, die wir für die Diskussion der Wissenschaftlerhandlungen benötigen, zusammengetragen.

4.3. Wissenschaftlichkeit als Form der Rationalität

Unser auch von allen Wissenschaftlern geteiltes Alltagsverständnis, wonach es „die Wissenschaften" gibt, zu denen so verschiedene Fächer gehören wie die Archäologie und die Elementarteilchenphysik, die Soziologie und die Meteorologie, die Literaturwissenschaft und die Geometrie, verweist darauf, auch den verschiedensten Fächern die allgemeine Eigenart zuzuerkennen, eine Wissenschaft oder „wissenschaftlich" zu sein. In der Einleitung war davon die Rede, daß „*Wissenschaftlichkeit*" eine bestimmte Form des Wissens auszeichnet, die nun unter dem Aspekt, daß Wissenschaften von Menschen hervorgebracht werden, mit dem soeben bereitgestellten handlungstheoretischen Vokabular genauer zu bestimmen ist.

Vorweg sind einige Kandidaten für eine solche Bestimmung auszuschalten: So könnte man versucht sein zu glauben, *Sicherheit* oder *Verläßlichkeit* sei ein ausschließendes Merkmal von Wissenschaftlichkeit. Aber selbstverständlich hat unter Normalbedingungen jeder Mensch sichere und verläßliche Wissensbestände, die keineswegs wissenschaftsfähig sind, z.B. das Wissen, wie er heißt, wann und wo er geboren ist usw. Auch *Nützlichkeit* und *Brauchbarkeit* eines Wissens für die Lebensbewältigung ist kein auszeichnendes Merkmal, das nur der Wissenschaft zukäme (oder zukommen sollte), wie man sich an Beispielen individueller Fertigkeiten, Wissensbeständen über Verwandte und Freunde, Kenntnisse über die eigene Wohnung usw. leicht vor Augen führt. *Durch Erfahrung bestätigt* zu sein, eignet sich ebenfalls nicht zur Definition von Wissenschaft, weil dann z.B. die gesamte Mathematik aus dem Spektrum der Wissenschaften herausfiele, der wohl niemand das Prädikat „wissenschaftlich" absprechen möchte. *Allgemeinheit* im Sinne der Verfügung vieler Menschen über ein Wissen ist ebenfalls kein exklusives Kriterium von Wissenschaftlichkeit, denn wenn z.B. die große Anhängerschar eines Fußballclubs das letzte Spielergebnis kennt, ist dies wohl ein allgemeines, aber kein wissenschaftliches Wissen. Schon gar nicht eignet sich ein Bezug auf *Mehrheitsverhältnisse* zur Definition der Wissenschaftlichkeit, denn schon von Wissen schlechthin, also ohne den Zusatz wissenschaftlich, nehmen wir überlicherweise an, daß es sich auf etwas bezieht oder in etwas besteht, bei dem wahr und falsch, richtig und verfehlt, oder auch Wissen und Irrtum möglich sind, und individual- wie weltgeschichtlich spielen immer wieder Fälle eine besondere Rolle, in denen Mehrheiten irren und Einzelne gegen Mehrheiten recht behalten. Selbst für die Wissenschaften wird gern eine Darstellung ihrer Geschichte gewählt, in dem das einzelne Genie gegenüber einer erdrückenden Mehrheit etablierter Schulen und Lehrmeinungen sich am Ende durchsetzt.

Was aber ist dann – im günstigen Falle – *allen Wissenschaften gemeinsam*, so daß man über ihre Fächerverschiedenheiten hinweg von Wissenschaftlichkeit sprechen kann? Oder ist sie, wie manche Skeptiker provozierend behaupten, bloßer Betrug, oder ein moderner Mythos, oder die Frechheit intelligenter Leute, sich Einfluß zu verschaffen?

Wer auf diese Fragen und Alternativen eine Antwort sucht, wird verloren sein, wenn er sie sich von reinen *Beschreibungen der historisch vorfindlichen Wissenschaften* verspricht. Denn es könnte durchaus sein, daß in diesen, da sie ja von fehlbaren und moralisch wie intellektuell anfälligen Menschen betrieben werden, höchst verschiedene Praxen, Bedürfnisse, Zwecke und Ziele, Methoden und Einstellungen vorzufinden sind, die nichts gemeinsam haben. Es handelt sich vielmehr bei diesen Fragen und Alternativen zu Kriterien der Wissenschaftlichkeit selbst nur um *Entscheidungen*, die im Rahmen einer Rekonstruktionsbemühung zu treffen sind und deshalb *von Zwecken und Zielen abhängig* bleiben. Mit anderen Worten, es ist – wie man sich traditionell ausdrückt – keine Seins-, sondern eine Sollensfrage, worin Wissenschaftlichkeit besteht: *Wie sollen Wissenschaften betrieben werden, damit ihnen das Prädikat „Wissenschaftlichkeit" zurecht zukommt?* Wie soll Wissenschaftlichkeit definiert werden, daß darin ein Ziel des Treibens von Wissenschaft für Wissenschaftler wie Wissenschaftstheoretiker zur Disposition gestellt, und bei gelingender Rechtfertigung, verfolgt und auch erreicht werden kann? Unter diesen Vorgaben seien im folgenden dem Leser (oder der Leserin) einige grundsätzliche Aspekte der Wissenschaftlichkeit vorgestellt, für die er (oder sie) dann *selbst entscheiden* möge, ob er (oder sie) diese als Ziele oder Teilziele von Wissenschaften anerkennen möchte oder nicht.

Zurückgreifend auf das konstruktive Programm, Wissenschaften als Hochstilisierung lebensweltlicher Praxen zu begreifen, dürfen wir davon ausgehen, daß ein von Wissenschaften produziertes Wissen Konsequenzen im Handeln hat, d.h., der wissenschaftlich unterrichtete Mensch handelt anders als der ohne dieses Wissen. So verhält es sich aber auch bei allen Künsten, Handwerken und Techniken wie dem Klavierspielen, dem chirurgischen Operieren, dem architektonischen Konstruieren, der Goldschmiedekunst usw. Von Wissenschaften soll, immer noch dem üblichen Vorverständnis entsprechend, erst dort die Rede sein, wo ihre *Wissensbestände* auch *sprachlich dargestellt* werden und *als Wissensbestände ausgewiesen* werden können. Für die erste Bedingung wollen wir sagen, Wissenschaft findet im Medium der Sprache statt und bedarf der Sprache zur Darstellung ihrer Ergebnisse. Die zweite Bedingung verlangt *Kriterien*, zu deutsch Unterscheidungsmerkmale, an denen diese sprachlichen Darstellungen von Resultaten als *gültige und ungültige, richtige oder wahre und falsche* oder auch *Resultate und Nicht-Resultate* getrennt werden können. Oder, etwas salopp formuliert, was nicht gesagt, und zwar gültig gesagt werden kann, ist keine Wissenschaft.

Damit soll „Wissen" gegenüber dem bloßen „Können" (worunter ein Handeln-Können und nicht z.B. ein Aushaltenkönnen zu verstehen ist) dadurch unterschieden, daß es sich sprachlich artikuliert. „Wissenschaftliches Wissen" muß für diese sprachliche Darstellung *zusätzliche Bedingungen* erfüllen wie allgemeine Geltung, systematische Ordnung, durchgängige Verstehbarkeit, Erfüllen vorgegebener Kriterien, oder was sonst in Diskussion und Debatten über Wissenschaften gerne behauptet wird. Da aber schon festgestellt wurde, daß die Frage der Wissenschaftlichkeit nicht durch Erheben üblicher Meinungen und Sprachgebräuche zu klären und zu bestimmen ist, wollen wir hier nicht bei einer empirischen Erhebung üblicher Meinungen ansetzen, um diese gegebenenfalls zu rekonstruieren, sondern selbst eine Art *Minimalbedingung für Wissenschaftlichkeit* vorschlagen, erläutern und rechtfertigen:

Wissenschaften haben als Ziel, transsubjektiv gültiges Wissen (oder auch kurz: transsubjektives Wissen) *bereitzustellen.*

Das Wort „*transsubjektiv*" zeigt an, daß die Subjektivität, also der Bezug auf die Einzelperson als Finder oder Träger des Wissens, überwunden oder vermieden werden soll, daß sie überschritten wird, was durch die lateinische Silbe *trans* (über, über hinaus) ausgedrückt werden soll. „*Wissen*" soll, in der guten Tradition der abendländischen Philosophie seit der griechischen Antike stehend, *vom bloßen Meinen (einschließlich aller Mehrheitsmeinungen)* sowie *vom Irrtum* und selbstverständlich von anderen Formen des Nicht-Wissens wie dem reinen Fehlen von Meinungen oder Wissen unterschieden werden. Der Unterschied von Wissen und Irrtum betrifft die traditionelle Unterscheidung von *wahr und falsch*, während der Unterschied von Wissen und Meinen den Unterschied von *begründet und unbegründet* betrifft. Damit bleibt als Aufgabe zu erläutern, wie transsubjektiv ein wahres und begründetes Wissen derart ausgezeichnet ist, daß es Handlungen oder Handlungsweisen gibt, die zu einem solchen Wissen führen.

Diese bisherigen Erläuterungen sind zwar mit dem Ziel einer schrittweisen Präzisierung der sprachlichen Mittel gegeben, bedienen sich aber immer noch herkömmlicher und von der Geistesgeschichte traditionell schwer belasteter Wörter; man frage sich nur, was die Wörter „wahr" und „begründet" bedeuten, und wird sofort auf die Frage stoßen, die als ein Grundsatzstreit die Philosophie von ihren Anfängen bis heute begleitet, nämlich ob die wahren Sätze gerade die begründeten seien oder ob es auch Wahrheiten gibt, die unbegründet seien, und zwar nicht nur im Sinne eines vorläufigen Noch-nicht-Wissens, so daß sie später einmal als wahre, weil begründete einzusehen sind, sondern als prinzipiell oder für immer unbegründete und gleichwohl zutreffende. Solche, dem üblichen Sprachgebrauch von „philosophisch" entsprechend besonders gerne als philosophisch empfundene Fragen führen in aller Regel eher auf ein Austauschen von Bruchstücken philosophischer Klassiker-Literatur als zur Klärung.

Man braucht aber nicht mit philosophischen Autoritäten zu argumentieren und darüber zu streiten, welche Interpretationen ihrer Texte nun die wahren oder richtigen sind (und sich ersichtlich so schon wieder in einen Zirkel zu begeben, in dem das vorausgesetzt wird, was die Diskussion erst zu klären hätte). Vielmehr läßt sich der Bereich zu klärender Probleme dadurch übersichtlich und dennoch auf das Wichtige einschränken, daß die Wissenschaften als Handlungen der Wissenschaftler bezogen bleiben auf ihren „Sitz im Leben", d.h. auf die ihnen zugrundeliegenden lebensweltlichen Praxen. Der Wissenschaftler entwickelt Teile dieser Praxis, die in der Lebenswelt tatsächlich geteilten Zwecken und Zielen dienen, zur Verbesserung der Mittel und der Erreichung dieser Zwecke und Ziele zu einer Wissenschaft hoch, indem er, wie früher ausgeführt, Zusatzzwecke und Ziele setzt und verfolgt, die hier als Wissenschaftlichkeit bezeichnet und erläutert werden. Das heißt, *Wissenschaftlichkeit* ist *kein Selbstzweck*, und die Wissenschaften als eigene Praxis keine unabhängig von der Lebenspraxis betriebene. Man braucht sich bei diesem Verständnis deshalb auch nicht einzulassen auf Spekulationen, ob es Wahrheiten oder Geltungsansprüche von Sätzen gibt, die außerhalb menschlicher Handlungen liegen.

Zurückkommend auf die schon vorgestellten Ergebnisse, wonach Wissenschaftlichkeit mit der transsubjektiv gültigen, sprachlichen Darstellung ihrer Resultate zu tun hat, ist deshalb zu fragen, welche Handlungen oder Handlungsweisen (Methoden) diese sicherstellen.

Hier ist an erster Stelle die *transsubjektive Nachvollziehbarkeit* im Sinne von Verständlichkeit zu nennen. Das heißt, Wissenschaften müssen ihre Ergebnisse in einer *Sprache* formulieren, die *(prinzipiell) für jeden* verstehbar ist. Was aber soll dies heißen, nachdem ja jeder Laie weiß, daß die Fachwissenschaften eigene Fachsprachen entwickelt, die nur versteht, wer die Fachwissenschaft studiert und gelernt hat?

Wieder ist die *transsubjektive Nachvollziehbarkeit* als Ziel zu sehen, für das Mittel, d.h. in unserer Terminologie, Handlungen zur Erreichung dieses Ziels vorzuschlagen sind. Und der Vorschlag läuft hier darauf hinaus, *alle Wörter der Fachsprache ausdrücklich* („explizit") *in ihrem Gebrauch festzulegen*. Das heißt also, das Ziel transsubjektiver Verstehbarkeit ist nicht Gegenstand z.B. einer Befragung vieler Leute, ob sie denn nun alle die Spezialistensprache z.B. der Chemiker oder der Mediziner verstehen, sondern eine Folge *expliziter Sprachverwendungsfestlegungen*. Kurz, transsubjektive Nachvollziehbarkeit wissenschaftlicher Resultate ist jedenfalls dort nicht gegeben, wo ihre Sätze und Wörter nicht verstanden werden können, weil es keine ausdrücklichen und damit für jede Person nachlesbare Festlegungen der geübten Sprachgebräuche gibt.

(Die erstrebenswerte Transsubjektivität von Wissenschaft und von Philosophie macht es selbstverständlich, daß auch für alle in grammatikalisch männlicher Form auftretenden Rollenbezeichnungen wie „Wissenschaftler", „Forscher" oder „Handelnder" die Unabhängigkeit vom natürlichen Geschlecht des Rollenträgers gefordert ist. Diese Bemerkung soll weniger rechtfertigen, warum hier dem übersichtlicheren Stil der Vorzug gegeben wird, z.B. kurz von „Wissenschaftlern" statt von „Wissenschaftlern und Wissenschaftlerinnen" zu sprechen; vielmehr geht es um einen ausdrücklichen Hinweis, daß Wissenschaftlichkeit im Sinne von Transsubjektivität eine Differenzierung nach dem natürlichen Geschlecht ihrer Autoren ausschließt. Der ganze Text könnte also auch in allen Rollen- und Funktionsbezeichnungen in der weiblichen Form geschrieben sein, ohne daß dadurch ein Gewinn oder Verlust an Wissenschaftlichkeit bewirkt würde; der Text würde dadurch lediglich etwas länger und bei Gewöhnung an historisch gewachsene Üblichkeiten auch etwas befremdlicher.)

Die Wissenschaften haben historisch in der Vielfalt ihrer Gegenstandsbereiche und Methoden höchst verschiedene Verfahren entwickelt, ihre sprachlichen Mittel zu bestimmen, und sich auch häufig genug der Aufgabe verweigert, dies zu tun. Der Leser kann dies selbst dadurch kontrollieren und entscheiden, daß er Fachlexika verschiedener wissenschaftlicher Disziplinen zu Rate zieht, dort die Erläuterung einschlägiger Fachwörter, vor allem sogenannter Grundbegriffe nachliest und den Querverweisen auf andere Stichwörter und Artikel folgt. Unschwer wird er dann Fälle finden, in denen er auf seinen Ausgangsartikel zurückverwiesen wird, und sich so durch einen *Definitionszirkel* enttäuscht sieht. Für andere Fachausdrücke wird er Erläuterungen finden, die für verschiedene Sorten von Wissenschaften höchst unterschiedlichen Erläuterungs- oder Definitionsformen entsprechen. Im zweiten Teil des Buches werden einige terminologische Normierungsverfahren betrachtet – hier sollte es nur allgemein darum gehen, transsubjektives Wissen an die Bedingung zu knüpfen, daß die sprachlichen Mittel seiner Darstellung explizit nachvollzogen werden können. („Können" heißt hier nicht die tatsächlich vorliegende Fähigkeit eines Individuums, einer Person, sondern das Vorliegen ausdrücklicher definitorischer Bestimmungen, die man zwar dann als Leser immer noch verstehen muß, aber immerhin schon aufgrund ihres Vorliegens nachlesen kann.)

Nachdem auf diese Weise sichergestellt ist, daß man, alltagssprachlich gesprochen, versteht, was die Wissenschaften behaupten, muß also noch die zweite Bedingung erfüllbar sein, daß auch zutrifft, wahr oder richtig ist, was man da an verstehbaren Behauptungen oder Sätzen vorfindet.

Hier eröffnet sich geradezu ein Minenfeld von Problemen. Was soll eine *Begründung eines wissenschaftlichen Satzes* sein, ja, geht es überhaupt nur um die oben noch vorläufig hergestellte Verbindung von Begründung und Wahrheit, und geht es in den Wissenschaften nur um wahre Sätze, wo doch schon der Laie weiß, daß die Wissenschaftler auch Definitionen aufstellen oder von Axiomen reden, die angeblich nicht wahr sein können, weil sie erste Sätze einer Theorie seien, oder von Prinzipien, die einfach gesetzt werden und in diesem Sinne nicht wahrheitsfähig sind, oder von Hypothesen, die allenfalls vorläufig wahr sind oder einstweilen als Arbeitshypothese angenommen werden usw. Die reiche philosophische und wissenschaftstheoretische Literatur legt vielfältiges Zeugnis dafür ab, daß sich die meisten Wissenschaftstheoretiker vom Konzept des Begründens wissenschaftlicher Sätze verabschiedet haben. Einer der Gründe hierfür ist, daß *jede Begründung ein* sogenanntes *„Anfangsproblem" aufwirft.*

Laienhaft ausgedrückt, begegnet man auch in den kompliziertesten Debatten um wissenschaftliche Sätze und Theorien dem Einwand, *irgendetwas* müsse man doch *voraussetzen*, oder, *mit irgendetwas* müsse man doch schließlich *anfangen*. Und weil es sich dabei um Anfänge handelt, könnten diese nicht auch noch begründet werden – und wo es sich um Anfänge anerkannter Theorien handelt, werden sie deshalb, als Art der höheren Ausrede, *„Axiome"* genannt.

Gegen diese Skepsis hinsichtlich der Lösung des Anfangsproblems läßt sich jedoch argumentieren: Hier wird ja nicht ziel- und zwecklos Wissenschaft in ihren Resultaten „analysiert", so daß man zu jeder gewonnenen Aussage wieder die Frage formulieren kann, woher man denn nun diesen Satz wisse oder für wahr halte oder begründe, was sich dann in der Tat in ein endloses, angesichts der Endlichkeit des Menschen aber einfach abbrechendes Zurückfragen verliert.

Das *Anfangsproblem* muß indessen *lösbar* sein, da es ja nicht schon ewig Wissenschaft gegeben hat, Menschen also irgendwann begonnen haben, in allmählichen Übergängen aus lebensweltlichen Praxen erste wissenschaftliche Sätze aufzustellen und, zumindest im Zweifelsfalle, zu begründen. Außerdem ist es höchst wünschenswert, das Anfangsproblem einer Lösung zuzuführen, weil ja immer neue Wissenschaftler ausgebildet werden, die, sollen sie sich nicht als gläubige Mitglieder einer bloßen Wissenschaftssekte begreifen, Begründungen kennenlernen und nachvollziehen müssen.

Das entscheidende *Argument* aber *gegen* die *Skeptiker*, die rationale Begründungen wegen des angeblich unlösbaren Anfangsproblems für unmöglich halten, richtet sich gegen deren *willkürliche Annahme*, das Geschäft des *Begründens* habe es *ausschließlich* mit dem *logischen Ableiten von Sätzen aus Sätzen* zu tun, im Extremfall sogar dem Ableiten von Behauptungssätzen aus Behauptungssätzen. Diese Skepsis steht in der Tradition, Wissenschaften auf deren sprachlichen Anteil zu reduzieren oder zumindest darauf reduziert zu betrachten und dabei gerade den Handlungsaspekt des Treibens von Wissenschaft und damit ihre „Zweckrationalität" zu vernachlässigen. So kann tatsächlich das Mißverständnis entstehen, jeder in den Wissenschaften behauptete oder als Vorschrift geäußerte Satz ließe erneut eine Frage nach seiner Begründung zu, was dann in der Tat ein endloses, angesichts der Endlichkeit des Menschen aber einfach abbrechendes Zurückfragen zur Folge hätte.

Da hier aber der Tatsache Rechnung getragen werden soll, daß sich Wissenschaften aus lebensweltlichen Praxen heraus entwickeln und weiterhin von ihnen getragen werden, muß auch das wissenschaftliche Reden eingebettet in den weiteren Zusammenhang von Handlungen gesehen werden, so daß man *schon aus dem täglichen Leben* verschiedene *Formen des Abbrechens von Rückfragen nach Begründungen* kennt: Die direkteste ist wohl diejenige, daß auf eine Aufforderung zu einer bestimmten Handlung in einer bestimmten Situation hin der Aufgeforderte nicht zurückfragt, weil er nämlich die Aufforderung versteht und befolgen möchte, ohne die Legitimation des Auffordernden in Zweifel zu ziehen. Dieser einfache Fall führt offensichtlich *Reden unmittelbar in Handeln* über und ist zugleich das Ende eines Dialogs um eventuelle Begründungen.

Wer schon hier einwenden möchte, die direkten Aufforderungen hätten wenig oder nichts mit den an wahren Beschreibungen der Welt befaßten Wissenschaften zu tun, übersieht, daß die hier schon begründete Forderung nach *expliziter Festlegung sprachlicher Mittel* in den Wissenschaftssprachen selbst *nur in Aufforderungen zu leisten* ist, bestimmte Fachwörter in bestimmter Weise zu verwenden; kurz, jede Definition beliebigen Typs ist eine in den Wissenschaften wichtige Aufforderung, und ein Zurückfragen nach Begründungen kann durch schlichte Befolgung, also durch Handeln zu einem Abbruch kommen.

Wer nun ein System von Definitionen oder Begriffsbestimmungen faktisch anerkennt und sich auch durch Regeln des logischen Schließens verpflichten läßt, wird, ohne unendlich weiter zurückfragen zu wollen, auch alle logischen Folgerungen aus definitorischen Festlegungen akzeptieren. Mit anderen Worten, das *Anfangsproblem* ist *auf dem Gebiet von Sprachregelungen* durch einfaches Befolgen lösbar.

Diese einfache Lösung des Anfangsproblems bei der ausdrücklichen Normierung wissenschaftlicher Fachsprachen darf nicht als Plädoyer für einen blinden Dezisionismus, für ein kriterienloses *just do it!* mißverstanden werden. Selbstverständlich wird es in der Praxis immer wieder Fälle geben, in denen sich eine Person einer Aufforderung zur Festlegung eines Sprachgebrauchs verweigert. Dann wird, sei es in wissenschaftlicher Lehre oder Forschung, ein Diskurs z.B. über die Adäquatheit eines fachwissenschaftlichen Sprachgebrauchs zu führen sein. Denn wenn auch Aufforderungen und damit definitorische Normierungen weder wahr noch falsch sein können, können sie doch ein mehr oder weniger gutes Mittel für bestimmte Zwecke sein – und dies ist immer offen für kritische Prüfung. Aber es trifft nicht zu, daß damit der genannte Lösungstyp für das Anfangsproblem bereits wieder verloren wäre: Man führe sich nur vor Augen, daß ein Schüler oder ein Lehrling alle Sprachregelungsvorschläge, die ihm bei Unterweisung in eine Wissenschaft vorgetragen werden, in Frage stellen wollte. Dies würde nur darauf hinauslaufen, daß er sich auf das Studium der fraglichen Wissenschaft gar nicht erst einlassen möchte. Mit anderen Worten, das Befolgen von Sprachregelungen und damit die Übernahme von Sprachgebräuchen ist als Entschluß zu Beteiligung an einer Praxis praktisch vorausgesetzt – und damit im Falle eines weiteren Zurückfragens nach Begründungen oder Rechtfertigungen auf eine Ebene verlagert, auf der sich ein Diskurs nicht wieder derselben terminologischen Fachsprache bedient. So wird etwa jemand seinen Entschluß, Chemie zu studieren, nicht mit denjenigen sprachlichen Mitteln begründen oder rechtfertigen, die er im Fachstudium als chemische Terminologie zu lernen hat.

Nun lassen sich für viele Wissenschaften schnell Beispiele finden, in denen nicht nur in Form von Sprachregelungen *Aufforderungen* ergehen, sondern auch in Form von *Vorschriften, Handlungen in einer bestimmten Weise auszuführen* – man denke etwa an Verfahren einer chemischen Analyse, eines Gerätegebrauchs für Messungen, oder einer Textinterpretation. Hier wird von *Begründungsskeptikern* eingeworfen, solche Aufforderungen seien nur dort sinnvoll, wo gewußt wird, daß ihre Befolgung nicht unmöglich sei. Also müsse man die *Möglichkeit der Handlungen*, zu denen in den Wissenschaften aufgefordert wird, selbst *erst begründen* – und dies führe ebenfalls in einen unendlichen Begründungsregreß. Auch in dieser Skepsis findet sich wieder die Beschränkung von Wissenschaft auf sprachliche Aktivitäten, denn aus dem täglichen Leben weiß jeder hinreichend erwachsene Mensch, daß wir glücklicherweise nicht nur dort handeln können, wo Möglichkeiten einer Handlung explizit argumentierend erwiesen werden. Die *schlichte Durchführung* einer Handlung ist, vor aller Theorie und Argumentation, immer noch der beste Beweis ihrer Durchführbarkeit.

Es wäre also verfehlt, das Begründen wissenschaftlicher Sätze von einem Begründungsanfang her für unmöglich zu halten, weil dafür zunächst z.B. naturwissenschaftliche Sätze über den begründenden Menschen, etwa die Leistungen seiner Sinnesorgane, seines Gehirns oder auch seine evolutionäre Angepaßtheit an die Welt bewiesen werden müßte – ebensowenig, wie etwa aus der Physik oder der Kosmologie die Möglichkeit der Existenz des Menschen auf der Erde oder die Möglichkeit seiner täglichen Handlungen erwiesen sein müßte. Es ist vielmehr umgekehrt der *tägliche Vollzug* vieler Handlungen vieler Menschen in der Kulturgeschichte, der die Entstehung von Wissenschaften ermöglicht hat und deshalb *als ihre Grundlage* anzusehen ist. Begründungsanfänge entgehen nur dem, der übersieht, daß nicht endlos *über Wissenschaften zu reden* ist, sondern Begründungsanfänge dadurch gewonnen werden, daß *in den Wissenschaften tatsächlich gehandelt* wird. Man sagt dafür auch, die Skepsis gegen die Lösung des Anfangsproblems und damit die Begründbarkeit wissenschaftlicher Sätze verdanke sich einem *pragmatischen Defizit*, d.h. der unzureichenden Würdigung des Handlungscharakters von Wissenschaft.

Nun mag es Vertreter von Wissenschaftsverständnissen geben, die zugestehen, daß die bisher genannten Bedingungen der Wissenschaftlichkeit, nämlich allgemeine Verstehbarkeit ihrer Sprache und allgemeine Nachvollziehbarkeit von Begründungen im Sinne des Rückgangs auf die Handlungen von Wissenschaftlern erfüllt sein mögen, und doch einwenden: Wie ein Wissen immer Wissen von etwas sein muß, das dieses Wissen wahr macht, so müsse auch *Wissenschaft immer von etwas* handeln, das – bildlich gesprochen – außerhalb der Wissenschaft liege und die Entscheidungsinstanz sei, ob wissenschaftliche Theorien gültig oder ungültig, wahr oder falsch seien. Selbstverständlich sei es die Erfahrung, die, in den Wissenschaften durch bestimmte Methoden zu besonderer Verläßlichkeit entwickelt, ein wissenschaftliches Wissen von der Welt eröffne. Was nicht an Erfahrung scheitern könne, sei – jedenfalls außerhalb des Sonderfalls der Mathematik – keine Wissenschaft.

Diese Auffassung, die nicht nur vor allem von vielen Naturwissenschaftlern vertreten wird, sondern auch von einigen wissenschaftstheoretischen Richtungen ausdifferenziert wurde, wirft eine Fülle von Problemen auf, von denen hier zwei unter den Aspekten der Rekonstruktion von Wissenschaft behandelt seien: (1) Wie kann *Erfahrung zur transsubjektiv gültigen Begründung* wissenschaftlicher Sätze führen, und (2) welche Rolle spielt dabei die „außerhalb der Wissenschaften liegende" Instanz, die *Wirklichkeit*, die angeblich über die Geltung wissenschaftlicher Theorien entscheide? Das heißt, es geht hier um eine „empiristische" und eine „realistische" Skepsis gegenüber der Forderung nach Begründung.

Terminologisch ist für den allgemeinen Teil der methodisch rekonstruierenden Wissenschaftstheorie bereits festgelegt, wie von Erfahrung zu reden ist. *Erfahrungen sind immer Widerfahrnisse im Handeln.* Der Übergang von Einzelerfahrungen zu wissenschaftlichen Erfahrungen, die Anspruch auf *transsubjektive Geltung* erheben dürfen, gelingt dadurch, daß die einschlägigen Handlungen von Wissenschaftlern, an denen Erfahrungen nachprüfbar gewonnen werden, so *durch Regeln und Rezepte normiert* werden, daß sie *prinzipiell von jedermann wiederholt* werden können. („Prinzipiell von jedermann" ist hier wieder so zu verstehen, daß die ausdrückliche Normierung der sprachlichen Mittel und die ausdrückliche Formulierung von Regeln oder Rezepten Nachvollziehbarkeit sicherstellt.)

Die *Verallgemeinerung oder Universalisierung von Einzelerfahrungen* zu wissenschaftlichen beruht also letztlich auf einem Zusammenhang, den man aus lebensweltlichen Praxen längst kennt. So leistet z.B. ein „gutes" Backrezept für einen Kuchen, daß bei jeder individuellen Befolgung des Rezepts der gleiche Kuchen entsteht. Die „Güte“ des Rezepts muß dabei sowohl in der Klarheit seiner sprachlichen Mittel, der Ausführlichkeit der einzelnen Vorschriften, der Einhaltung bestimmter Reihenfolgen und damit allgemein, der *eindeutigen Befolgbarkeit* liegen, als auch einer *erfahrungsmäßigen Bewährung* der Art, daß die immer gleiche Befolgung des Rezepts zu einem Produkt (dem Teig in der Backform in einem Herd bestimmter Temperatur) führt, das – und darin liegt das Erfahrungs- als Widerfahrniswissen – sich im Backvorgang zum jeweils gleichen, erwünschten Kuchen entwickelt. Es ist mit anderen Worten die *technische Reproduzierbarkeit* von Verhältnissen, die *durch die Qualität der Handlungsanweisungen sichergestellt* ist. Allgemeinheit oder Universalität wissenschaftlicher Erfahrung wird also über Einzelerfahrungen hinausgehend dadurch gewonnen, daß die Vorschriften zur Gewinnung dieser Erfahrung immer wieder von neuem befolgt werden können – und dies ist ihre *Gesetzesartigkeit*.

(Beinahe unmerklich haben die zunächst allgemein auf die Wissenschaften bezogenen Klärungsversuche von Wissenschaftlichkeit in einen Bereich geführt, der die Natur- und Technikwissenschaften von den Kulturwissenschaften unterscheidet. Wo es nämlich um poietische Handlungen, um technische Reproduzierbarkeit und um Gesetzesartigkeit geht, bewegt man sich im Bereich vorwissenschaftlicher wie wissenschaftlicher Praxen, auf die die genannten Aspekte zutreffen. Die Kochkunst oder herstellende Handwerkskünste sind dafür, etwa im Unterschied zur Heilkunst, zur Staatskunst oder zur Kunst der Menschenführung oder Erziehung lebensweltliche Beispiele, und die Technik der Laborwissenschaften wissenschaftliche. Da Systematisierungsfragen wissenschaftlicher Disziplinen später diskutiert werden, sei hier nur darauf verwiesen, daß hier durch den Bezug auf die Zweckrationalität poietischer Handlungen zum ersten Mal ein ausdrücklicher Bezug zu den Naturwissenschaften auftritt.

Der Leser möge aber auch beachten, daß diese Hinwendung auf die Naturwissenschaften sich nicht etwa einer unbegründeten Entscheidung verdankt, sondern im Zusammenhang steht mit der Abwehr des skeptischen Arguments, man müsse erst die Bedingungen der Möglichkeit des Handelns ausweisen, bevor gehandelt werden kann – mit Mitteln, die üblicherweise aus den Naturwissenschaften genommen werden.)

Der *Vorzug* dieser *konstruktiven Auffassung* gegenüber klassisch empiristischen liegt auf der Hand: Sie stimmt mit dem historischen Faktum überein, daß die Wissenschaften ihren Fortschritt zunehmender Standardisierung, Normierung und Ausdifferenzierung der Handlungen des Forschens verdanken, und daß keine metaphysischen Prinzipien zur Hilfe genommen werden müssen wie Annahmen über die Gesetzesartigkeit der von Menschen unabhängigen Wirklichkeit oder Natur. Es ist die *Regelmäßigkeit menschlichen Handelns*, die die *Bedingungen schafft*, unter denen *sich Gleiches als Widerfahrnis zeigen* kann. Die Gleichheit der Widerfahrnisse und damit die *Gesetzesartigkeit der Erfahrungserkenntnis* verdankt sich also historisch wie systematisch allein den von Menschen gesetzten Handlungsregeln (was auch, anstelle sprachlich ausdrücklicher Setzung, durch praktisches Einüben und durch Traditionsbildung im Bereich wissenschaftlicher Methoden geschehen kann). Diese Auffassung erübrigt Annahmen über die Existenz oder Herkunft einer Gesetzlichkeit in der Natur, die – als eine *petitio principii* – dadurch erkennbar sein soll, daß die erkennenden Menschen selbst der naturgesetzlichen Funktion ihrer Sinnesorgane sowie des Kognitionsorgans Gehirn unterlägen.

Nachdem damit gezeigt ist, wie transsubjektiv gültige Erfahrung als Widerfahrnis im wissenschaftlich normierten Handeln verstanden werden kann, kann auch erläutert werden, in welchem Sinne Erfahrungserkenntnis eine *Wirklichkeit* „außerhalb der Wissenschaften" oder „unabhängig vom Menschen" betrifft.

Es ist uns lebensweltlich vertraut, daß nicht alle Zwecke und Ziele, die in unmißverständlicher Sprache beschrieben und gesetzt werden können, auch erreichbar sind. Wir kennen keine Mittel (und dies heißt hier: Handlungen), die uns einen Sprung auf den Mond, die Verwandlung von Stroh in Gold, die unbegrenzte Verlängerung des Lebens oder die Herbeiführung ewigen Friedens erlaubten. Das heißt, das Gewinnen oder *Machen von Erfahrungen* als zweckgerichtetes Handeln und der *Widerfahrnischarakter von Handlungen* als *die Unverfügbarkeit generellen Gelingens* rechtfertigt die Redeweise, daß wir Erfahrungen von etwas haben, über das wir nicht beliebig verfügen können. Es kommt nicht darauf an, daß uns insbesondere die abendländische Geistesgeschichte mit einer Säkularisierung der Vorstellung vom Schöpfergott zu einer Naturgesetzlichkeit, der wir Menschen unterworfen sind, Sprechweisen nahelegt (wie: die Wirklichkeit zeige sich uns in der Erfahrung, und Wissenschaft habe es als Erfahrungswissenschaft mit der Abbildung vorhandener Gesetze in Theorien zu tun). Auch Wissenschaftsverständnisse, die „realistisch" sind, d.h., Erfahrungserkenntnis als Abbildung von Strukturen einer gegebenen Realität auffassen, können nicht umhin anzuerkennen, daß wissenschaftliche Erfahrungen, gleich ob in den Natur- oder den Kulturwissenschaften, nur durch zweckgerichtetes Handeln von Wissenschaftlern zustande kommen, und daß die Pointe der Erfahrung darin besteht, sich immer nur relativ zu zweckgerichteten Handlungen zu zeigen. *Es gibt* also *keine menschenunabhängigen und keine handlungsunabhängigen*, und weil stets sprachlich gefaßt, auch keine sprachunabhängigen *wissenschaftlichen Erfahrungen*, ohne daß deshalb in vielen Fällen die Unverfügbarkeit des Handlungserfolgs im Sinne des Erreichens fiktiver Zwecke und Ziele bestritten werden müßte. Wirklichkeit, Realität oder auch Naturgesetze sind dann *traditionelle Ausdrücke* dafür, daß wir ein *Wissen über Grenzen unserer Handlungsmöglichkeiten* auf diesem Weg gewinnen können.

Gelegentlich war in den bisherigen Erläuterungen des hier dargelegten Programms Wissenschaftlichkeit durch Rekonstruktion der Wissenschaften als zweckrationales Handeln *vorschreibend* zu definieren, von „rationaler Rekonstruktion" oder von „methodischer Rekonstruktion" die Rede. Was bedeuten diese Zusätze nach der jetzt erfolgten Zurückweisung empiristischer und realistischer Herkunft? Kommt in ihnen eine Art von Richtschnur oder Leitlinie zum Ausdruck, der die Rekonstruktion zu folgen hätte?

„*Rational*" (als das lateinische Wort für „vernünftig" und als lateinische Übersetzung des griechischen Lehnworts „logisch") heißen die hier propagierten Rekonstruktionen deshalb, weil sie einer so genannten *Zweckrationalität* verpflichtet sind. Das heißt, wie immer tatsächlich die einzelnen Handlungen einzelner Wissenschaftler in einzelnen Situationen sind, der *vorschreibende Charakter von Wissenschaftlichkeit* liegt darin, daß *nur zweckmäßige und zielgerichtete Handlungen* in die Rekonstruktion aufgenommen werden. Man könnte dafür auch sagen, die rationale Rekonstruktion ist in dem Sinne *idealisierend*, als sie ungeachtet von Irrtümern und Fehlern tatsächlich handelnder Wissenschaftler in einer nachträglichen Auslese diejenigen Handlungsweisen hervorhebt, die im Blick auf bestimmte fachwissenschaftliche Zwecke und Ziele erfolgreich waren (wie ja auch wissenschaftliche Lehrbücher nur Resultate und nicht Irrwege ihres Zustandekommens darlegen).

Zweckrationalität ist damit gleichbedeutend mit der *Begründetheit von Handlungsweisen (Methoden)* dadurch, daß sie als geeignete Mittel für die Erreichung von Zwecken und Zielen erkannt worden sind. Andere als auf benennbare Zwekke und Ziele gerichtete Handlungen sind in einer rationalen Rekonstruktion weder vorzusehen noch berechtigt. Diese Sicht der Wissenschaften kollidiert mit dem häufig anzutreffenden Bekenntnis, die Wissenschaften verdankten ihre Wissenschaftlichkeit gerade der *Zweckfreiheit* ihrer Forschung und damit ihrer Unabhängigkeit von sogenannten Interessen einzelner Subjekte oder Gruppen, und seien gerade deshalb „intersubjektiv gültig". Hier ist jedoch auseinanderzuhalten, daß handlungstheoretisch betrachtet jede Handlung per definitionem immer einen Zweck verfolgt (mit Ausnahme einiger weniger Mußehandlungen, wie oben erläutert), und daß das Treiben von Wissenschaft deshalb in diesem Sinne niemals zweckfrei ist, und andererseits die Auffassung, es sei eine Angelegenheit bloß von Absichten und Wünschen einzelner Personen oder Gruppen, was in den Wissenschaften zu gelten hätte. *Transsubjektive Geltung* wissenschaftlicher Sätze durch Nachvollziehbarkeit ihrer terminologischen Festsetzungen und argumentativen Begründungen steht also *nicht im Widerspruch zur Zweckgebundenheit* jeglichen Handelns.

Die rekonstruierende Idealisierung von Wissenschaft zu zweckrationalem Handeln gibt dann tatsächlich eine Richtschnur dafür ab, welchem *Kriterium Rekonstruktionen* zu folgen haben – wenigstens in dem Sinne, daß dabei *eine Minimalforderung* nicht verletzt werden darf: Aus dem Alltagsleben kennen wir unzählige *Handlungsketten, deren Teilhandlungen nicht vertauscht werden dürfen, wenn der Erfolg der gesamten Handlungskette nicht gefährdet sein soll.* Wir ziehen einen Schuh zuerst an, um ihn dann zu schnüren; wir entkorken erst eine Flasche, um dann ihren Inhalt auszugießen; wir schließen erst ein Schloß mit dem Schlüssel auf, um dann die Türklinke zum Öffnen der Tür niederzudrücken; wir waschen Wäsche zuerst, um sie dann zu bügeln, und schnitzen Holz erst, um es dann zu bemalen usw. Es sind also insbesondere die poietischen und andere nicht-sprachliche Handlungen, für die die Einhaltung der Reihenfolgen von Teilhandlungen in Handlungsketten über Erfolg und Mißerfolg entscheidet. Man kann dafür auch sagen, die *Teilhandlungen seien geordnet*, wobei die ordnungsstiftende Instanz in nichts anderem zu suchen ist als in dem für die Handlungskette gesetzten Zweck. Weder Naturgesetze noch Verbote verhindern eine Vertauschung solcher Teilhandlungen, sondern lediglich das Verfehlen des Zwecks, mit anderen Worten, die Zweckrationalität.

Im *Rekonstruieren der Wissenschaften* als zweckrationales Handeln werden nun beschreibend oder vorschreibend solche geordneten Handlungsketten vorgestellt – es wird also, da auch Reden ein Handeln ist, zwar wissenschafts*theoretisch gehandelt*, aber die Reihenfolge dieser (wissenschaftstheoretischen Rede-) Handlungen ließe sich ersichtlich leicht vertauschen gegenüber der Ordnung der Wissenschaftlerhandlungen, die durch die innerwissenschaftlichen Zwecke bestimmt sind. So ließe sich etwa, die oben gegebenen Alltagsbeispiele aufgreifend, behaupten, jemand habe seinen Schuh angezogen, indem er ihn zuerst geschnürt habe, um dann in ihn hineinzuschlüpfen; oder er habe sich ein Glas Wein eingegossen, um anschließend die Flasche zu entkorken; oder in vorschreibender Rede, man müsse zuerst eine Türklinke niederdrücken, die Tür öffnen und dann den Schlüssel ins Schloß stecken und dieses aufschließen usw. Das heißt, wo *über Handlungsketten gesprochen* wird, kann *in beschreibender wie vorschreibender Rede* von der tatsächlichen, d.h. *durch ihre Zwecke bestimmten Ordnung* von Handlungen abgewichen werden. Selbstverständlich durchschaut auch jeder Laie bei diesen einfachen Alltagsbeispielen eine solche Verletzung der Handlungsordnung, aber im Bereich sehr komplexer Handlungsgefüge wie z.B. dem Treiben von Physik mit seinen langen Handlungsketten zur Herstellung von Laboreinrichtungen, zur Anlage von Experimenten, Messungen und Beobachtungen und zur Aufstellung und Überprüfung von Theorien ist es nicht durch einfache Lebenserfahrung oder intuitives Handlungswissen sichergestellt, daß die zweckmäßige Reihenfolge eingehalten wird. Vielmehr liefern viele *wissenschaftstheoretische Lehrstücke* ein Beispiel gerade der *Verletzung der methodischen Ordnung*, d.h., sie reden über Handlungen von Wissenschaftlern bezüglich der Reihenfolge derart, daß ein tatsächliches Durchlaufen dieser Reihenfolge den wissenschaftlichen Erfolg nicht hätte.

Da wir bei den Alltagsbeispielen dem üblichen Sprachgebrauch zufolge sagen würden, Beschreibungen von Handlungsketten in falscher Reihenfolge seien falsch, und Vorschriften in falscher Reihenfolge irreführend, wollen wir hier ein *Prinzip* formulieren, das für die *methodische Wissenschaftstheorie zentral* ist:

Jede wissenschaftstheoretische Rekonstruktion muß dem *Prinzip der methodischen Ordnung* folgen, d.h., sie darf weder beschreibend noch vorschreibend andere Reihenfolgen von Teilhandlungen in wissenschaftsbezogenen Handlungsketten vorsehen als diejenigen, die durchlaufen werden müssen, um die ihnen gesetzten wissenschaftlichen Zwecke zu erreichen. Wir haben damit aus dem Programm der Wissenschaftstheorie, die Wissenschaften als zweckrationales Handeln (idealisierend) zu rekonstruieren, eine *Richtschnur für diese Rekonstruktionen* gefunden – wenigstens im Sinne einer Minimalbedingung, die sich als „Verbotsnorm“ darstellen läßt: Für wissenschaftstheoretische Rekonstruktionen ist verboten, die methodische Reihenfolge von Wissenschaftlerhandlungen beschreibend oder vorschreibend zu verletzen.

Selbstverständlich ist dieses Verbot keine autoritäre Setzung, sondern eine *gerechtfertigte Vorschrift*, stellt sie doch sicher, daß die angestrebten Rekonstruktionen ihren Gegenstand, nämlich das Treiben von Wissenschaft als zweckrationale Praxis, nicht verfehlen. Oder anders ausgedrückt, diese Verbotsnorm bezieht ihre Geltung aus dem hier unterstellten Zweck, daß Rekonstruktionen in beschreibender Rede nicht falsch, in vorschreibender Rede nicht irreführend, d.h. als erfolgsverfehlende Rezepte erstellt werden.

Es läßt sich leicht sehen, daß vor allem in Bereichen, in denen für Wissenschaften methodisch geordnete Handlungsketten des poietischen Handelns eine wichtige Rolle spielen wie in den Naturwissenschaften, die methodische Rekonstruktion einerseits von *Wissenschaftsgeschichte* viel zu lernen hat und andererseits diese stets immer wird einholen, d.h. zutreffend beschreiben können. Denn in der Wissenschaftsgeschichte, d.h. im Ablauf der tatsächlichen Geschehnisse in Form von Wissenschaftlerhandlungen mit heute vorfindlichen Erfolgen konnte per definitionem keine falsche Reihenfolge von Teilhandlungen auftreten, sonst hätten sie ihren Erfolg verfehlt. Oder kurz, *Verstöße gegen das Prinzip der methodischen Ordnung* können *nicht im tatsächlichen Treiben von Wissenschaften* (es sei denn, Fachwissenschaftler betätigen sich selbst als Wissenschaftstheoretiker), sondern *nur im wissenschaftstheoretischen Rekonstruieren* auftreten, sonst hätten die Fachwissenschaften nicht die Leistungen erbracht, die durch wissenschaftstheoretische Rekonstruktion als Ergebnisse zweckrationalen Handelns eingesehen werden sollen.

Eine Wissenschaftstheorie, die wegen der zentralen Stellung des Prinzips der methodischen Ordnung in ihr auch *„Metho-*

discher Konstruktivismus" (im Unterschied zu einem aus der Biologie und ihrer Theorie stammenden, sogenannten „Radikalen Konstruktivismus") genannt wird, hat ein gegenüber den meisten anderen wissenschaftstheoretischen Positionen *verändertes Verständnis von Theorie* zur Folge. Es versteht sich von selbst und wird auch von niemandem bestritten, daß auch Theorien Ergebnisse menschlichen Handelns sind. Doch welchen Zwecken und Zielen dienen fachwissenschaftliche Theorien, und wie sind sie entsprechend zu verstehen und zu begreifen?

Nicht nur Wissenschaftstheorien reden über die Handlungen von Wissenschaftlern, sondern auch fachwissenschaftliche Theorien haben, selbst ein Produkt von Handlungen, mit anderen Handlungen in den Fachwissenschaften zu tun. In den *Erfahrungswissenschaften*, vor allem den technischen und den Naturwissenschaften, kommen wesentlich *sprachfreie Handlungen* vor, die ihren Niederschlag in sprachlichen Handlungen der Theoriebildung finden, aber auch *sprachliche Handlungen* wie einerseits *die Kommunikation der Forscher*, andererseits z.B. *als Gegenstände wissenschaftlicher Erfahrungen* wie in einer empirischen Sprachwissenschaft gehen in fachwissenschaftliche Theorien ein. Wozu aber werden solche Theorien entworfen, welchen Zwecken und Zielen dienen sie?

Wo Wissenschaft als zweckrationales Handeln begriffen wird, lautet die Antwort, *Theorien dienen der sprachlichen Organisation oder Ordnung von Wissen zur übersichtlichen und sparsamen Kommunikation unter den Forschern sowie zu Zwecken der Lehre und der Traditionsbildung*. Handlungstheoretisch hatten wir die interpersonalen Handlungen von personalen unterschieden (wie das Wettlaufen vom Laufen) dadurch, daß sie nur gemeinschaftlich möglich sind. Das Treiben von Wissenschaft ist in den Tätigkeiten des Forschens und des Lehrens wegen seines Anspruchs auf transsubjektiv gültige Resultate ebenfalls ein Bereich interpersonalen Handelns, d.h., nur wo z.B. die Lehr- und Lernbarkeit sprachlich dargestellten Wissens (einschließlich seiner einschlägigen Begründungen) gegeben ist, darf von Wissenschaft gesprochen werden. Es gäbe keine *Wissenschaften* im heutigen Sinne, wenn es keine Lehrtraditionen gäbe, in denen jeweils die Schülergeneration auf den Resultaten der Lehrergeneration aufbaut, ob nun fortführend oder durch Erkenntnis von früheren Irrtümern revolutionierend. Und es gäbe keine Wissenschaften im heutigen Sinne, wenn sie nicht im Austausch von Meinungen und Gegenmeinungen, Begründungen und Widerlegungen fortgesetzter Bewährungsprobe ausgesetzt wären.

Damit sind aber *Theorien als geordnete Systeme von Sätzen* nicht etwa Bilder oder Modelle von Weltausschnitten, oder Lehren davon, wie die Welt, die natürliche wie die kultürliche „wirklich" sei, sondern Theorien sind Satzsysteme *zur geordneten Zusammenfassung bisheriger Resultate mit der Zielsetzung*, diese sprachlich zum Zwecke weiterer Forschung und Lehre *mitteilbar* zu machen. Sie sind ein *Kommunikationsinstrument*.

Insbesondere aus den Naturwissenschaften stammt dagegen der Einwand, Theorien formulierten sogenannte *„Naturgesetze"*, die durch Erfahrung erkannt seien. Sprachkritisch ist schon gegen die Bezeichnung „Naturgesetze", ungeachtet der begriffsgeschichtlichen Entstehung, einzuwenden, daß „Gesetze" etwas Gesetztes, also von einer Autorität kommende Sätze seien (wie die von einem Parlament, einem Tyrannen oder einem göttlichen Gesetzgeber erlassenen Gesetze); und es ist einzuwenden, daß Natur hier nicht im Sinne von „natürlich" (im Gegensatz zu „technisch" oder „kultürlich", d.h. „von Menschen gemacht") verstanden werden darf, da es doch erst die menschlichen Veranstaltungen des Messens und Experimentierens sind, des Konstruierens, Herstellens und Verwendens von Geräten, in denen durch Handlungsnormierungen das Gleiche und damit Gesetzmäßige reproduziert wird.

Läßt man den historischen Ballast, wonach Naturforschung seit dem frühen Christentum und dem Kirchenvater Augustinus als Suche nach dem Verständnis göttlicher Schöpfung betrieben, später in säkularisierter Form und nach Durchlaufen verschiedener Aufklärungen nur noch als Suche nach den von einer hypothetischen Instanz „Natur" erzwungenen Regelmäßigkeiten betrieben wird, und achtet darauf, nach welchen *Kriterien Naturforscher tatsächlich ihren Theorien Zustimmung geben oder versagen*, so ist es letztlich stets und einzig der technische Erfolg. Das heißt aber, für die Beurteilung von Theorien auf gültig und ungültig wird nicht ihr Zutreffen oder ihre abbildhafte Passung auf eine als gesetzlich strukturiert unterstellte Natur gewählt (von der man kein anderes Wissen als eben das in der fraglichen Theorie formulierte hat), sondern *Theorien* werden als *systematisch geordnete Form von Handlungswissen* interpretiert. Theorien sind Instrumente in dem Sinne, als sie angeben, welche Handlungen auszuführen sind, um die in ihnen beschriebenen Sachverhalte herzustellen.

Soll deshalb mit *Theorien*, wie sie im Lehrbuchwissen heutiger Fachwissenschaften vorzufinden sind, wissenschaftstheoretisch angemessen umgegangen werden, so sind auch sie *zu rekonstruieren als Produkte sprachlicher Handlungen*, die *auf ihre Zwecke hin*, z.B. auf ihr in ihnen enthaltenes technisches Handlungswissen hin *beurteilt* werden. Theorien haben deshalb zu vorderst einen „pragmatischen“ Gehalt, dem andere Aspekte wie die Bedeutung, also die den Theorien zugrunde liegenden Festsetzungen des Wortgebrauchs (*Semantik*) und zuletzt die der Ordnung des verfügbaren Wissens dienende Zusammenstellung *(Syntax) als Mittel untergeordnet* bleiben. Dem Prinzip der methodischen Ordnung entsprechend haben also Theorien *primär* einen *pragmatischen*, *sekundär* einen *semantischen* und *tertiär* einen *syntaktischen Gehalt*. Dies ist deshalb besonders zu betonen, weil im Gefolge der historisch zufälligen Entwicklung der Wissenschaftsphilosophie zunächst die sprachliche Gestalt der Wissenschaften ins Blickfeld geriet, diese wiederum *historisch zufällig* zunächst mit den Mitteln der Logik analysiert und deshalb als erstes, unter Philosophen breit diskutiertes Wesensmerkmal von Wissenschaften die *Syntax von Theorien* diskutiert wurde. Erst nachdem entdeckt wurde, daß die syntaktische Ordnung von Sätzen, die sich historisch deshalb in den Vordergrund gedrängt hatte, weil vor allem Theorien der Mathematik und der mathematischen Physik die ersten Fallbeispiele der Wissenschaftstheoretiker waren, nicht ausreichten, ihre Wissenschaftlichkeit zu erkennen, wurde eine Semantik als Bedeutungslehre hinzugenommen, um die angeblich gehaltvollen und wirklichkeitsbezogenen Theorien der (Natur-) Wissenschaften von metaphysischen oder fiktiven, scheinwissenschaftlichen Theorien unterscheiden zu können. Und da auch die Semantik diese Unterscheidung nicht leisten konnte, wurde schließlich, gleichsam in einem Rückzugsgefecht von der Startposition, Wissenschaftlichkeit als syntaktische Ordnung zu begreifen, die Pragmatik, d.h., die Einbettung der Erstellung und Prüfung von Theorien in das Handeln der Fachwissenschaftler z.B. im Labor hinzugenommen.

Die *Reihenfolge Syntax, Semantik und Pragmatik* wird heute nicht nur gern von Wissenschaftstheoretikern, sondern auch von Fachwissenschaftlern zitiert. So folgen Programme, das menschliche Gehirn nach Analogie von Computern zu verstehen, die „syntaktische Maschinen" seien, um von dort aus vielleicht zu „semantischen Maschinen", dieser Anordnung, also Maschinen, die Bedeutungen erkennen können, überzugehen, und die dabei zur Lösung der Probleme beim Übergang von den syntaktischen zu den semantischen Maschinen die Einbeziehung einer Pragmatik postulieren. Sie ist aber, wie wir gesehen haben, nur ein historisch kontingentes (d.h. zufälliges) Mißverständnis: Wissenschaften bestehen niemals lediglich aus Satzsystemen oder Theorien, also syntaktischen Gebilden, die uns nach syntaktischen (mit Hilfe der Logik formulierten) Kriterien eine Auszeichnung von Grundtermen und damit die Fragen nach deren Bedeutung erlauben, sondern sie sind immer Resultate menschlicher Praxis. Jede metawissenschaftliche Diskussion der Wissenschaften hat also primär mit Pragmatik zu beginnen, um darin eine Teilklasse von Handlungen, nämlich die sprachlichen, auszuzeichnen, an diesen Bedeutungs- d.h. Definitions- und Terminologiebildungsfragen zu diskutieren, in deren Verfolgung dann logische Strukturen von Satzsystemen, also Syntax, wiederum ein Spezialthema wird. Kurz, die *Reihenfolge Syntax, Semantik und Pragmatik* steht *pragmatisch auf dem Kopf* und muß nach dem Prinzip der methodischen Ordnung umgekehrt gelesen werden. Nur in dieser, der methodischen Ordnung, liefert sie einen Beitrag zur erkenntnistheoretischen Frage, wie Wissenschaften zu transsubjektivem Wissen kommen.

Oben war darauf verwiesen worden, daß bei diesen Klärungen der Wissenschaftlichkeit von Theorien und Naturgesetzen, an anderen Stellen von der Bedeutung poietischer Handlungen die Rede war und damit, recht besehen, nur die Naturwissenschaften betroffen sind. Darin folgen die vorstehenden Ausführungen einer Schwerpunktsetzung der gegenwärtigen Wissenschaftstheorie. Diese hat sich, ausgehend von Grundlagenkrisen der Exakten Wissenschaften (vor allem von Mathematik und Physik), gerade diesen zugewandt und an ihnen Fragen studiert, die in erster Linie an Experimentalwissenschaften mit mathematischen Theorien auftreten. Über die wissenschaftstheoretische Analyse der mathematischen Naturwissenschaften sind Aufmerksamkeit und Kenntnisse über diese diskutiert und verbreitet worden, die ihre Wirkung auf andere Wissenschaften nicht verfehlt haben, zumal die mathematischen Naturwissenschaften mit ihrem eindrucksvollen technischen, prognostischen und Erklärungserfolg Vertreter anderer Disziplinen zur Nachahmung angeregt haben – wohl in der Hoffnung, durch Übernahme von naturwissenschaftlich bewährten Methoden in ihren eigenen Fächern ähnliche Erfolge erwarten zu dürfen. So finden wir heute eine am Vorbild der Physik orientierte Psychologie vor, und andere Fächer tun es ihr, soweit möglich, nach. (Auf die Probleme einzelner Fächer bzw. Fächergruppen werden wir im zweiten Teil des Buches eingehen.)

Wenn also in den vorangegangenen Seiten Themen diskutiert wurden, die primär für die Naturwissenschaften zutreffen, so wird dabei nur Bezug genommen auf Meinungen, denen der Leser häufig und leicht begegnen kann. Der *Anspruch*, *Wissenschaftlichkeit allgemein*, d.h. für alle historisch vorfindlichen Wissenschaften zu charakterisieren, ist damit jedoch nicht aufgegeben. Selbstverständlich entdecken Kulturwissenschaften keine Naturgesetze, aber sie erheben ebenfalls den Anspruch auf Wissenschaftlichkeit und bedürfen daher normativer Kriterien, wonach diese zu erreichen ist. Wir fassen deshalb, im Blick auf alle Wissenschaften, zusammen:

Wissenschaftliches Wissen soll transsubjektive Geltung haben. Das heißt, Wissenschaften werden aus lebensweltlichen Praxen durch Hochstilisierung gewonnen, welche die Transsubjektivität ihrer Resultate zum Ziel hat. Als Mittel, dieses Ziel zu erreichen, haben wir hier einerseits die Nachvollziehbarkeit der sprachlichen Darstellung durch explizite Normierung einer Fachsprache, andererseits die Nachvollziehbarkeit der Geltung durch Methoden der Überprüfung angegeben. Die dabei von Skeptikern vermuteten Anfangsprobleme des Definierens bzw. des Behauptens und Prüfens haben sich als Folge ungerechtfertigter Beschränkungen in der Beschreibung der Wissenschaften z.B. auf sprachliche Aktivitäten herausgestellt: Nur wo Wissenschaft primär als sprachliches Resultat und von dort ausgehend erst sekundär als eine nicht nur sprachliche Praxis begriffen wird, und wo damit – anschaulich gesprochen – die Wissenschaften sich auf das Lehrbuchwissen zusammenziehen, der Sitz der Wissenschaften in einem außerwissenschaftlichen, „lebensweltlichen" Zusammenhang aber übersehen wird, erscheint das Anfangsproblem unlösbar. Wissenschaften sind weder (im Bereich des Redens) auf das Behaupten, noch (im Bereich des Handelns) auf das Überprüfen beschränkt. Vielmehr bestehen sie (auf der Seite der Sprache) notwendigerweise immer auch in Aufforderungen (in Form von Definitionen, Handlungsvorschriften usw.) und (auf der Seite der Handlungen) aus der Herstellung neuer Gegenstände und Verhältnisse. Sie sind schließlich immer auf Bedürfnisse bezogen, und müssen sich immer als Erfolg bzw. Mißerfolg im Blick auf ihre Forschungszwecke beurteilen lassen. Sie haben also als Stücke menschlicher Praxis in der Kulturgeschichte immer auch einen intentionalen Gehalt, bleiben immer von den Zwecksetzungen ihrer Akteure und, bei Nachfrage nach der Legitimation dieser Zwecke, immer von Rechtfertigungen dieser Zwecke abhängig.

Die methodisch rekonstruierende Wissenschaftstheorie, in deren allgemeinen, d.h. alle Wissenschaften betreffenden Teil hier eingeführt wurde, trägt gerade diesem praktischen Aspekt menschlicher Handlungen auch im Treiben der Wissenschaften Rechnung.

Teil II
Spezielle Wissenschaftstheorie

1. Einleitung

Nachdem im ersten Teil wissenschaftstheoretische Überlegungen vorgetragen wurden, die das historische und systematische Phänomen Wissenschaft allgemein betrafen, also keinen Bezug auf die Unterscheidung einzelner Fächer nahmen, geht es im zweiten Teil um die Behandlung von Problemen, die sich in einzelnen Fachwissenschaften oder Fächergruppen stellen. Dabei ist hier zwar keine Vollständigkeit in dem Sinne möglich, daß alle Einzelwissenschaften in ihren wichtigen wissenschaftstheoretischen Problemen zur Sprache kommen, aber es ist das Ziel der hier vorgetragenen *speziellen methodisch rekonstruierenden Wissenschaftstheorie*, Leitthemen zu behandeln, die sich in wissenschaftstheoretischen Diskursen immer wieder von neuem finden, mit Kontroversen oder Mißverständnissen belastet sind und gleichsam die Grundlage wissenschaftstheoretischer Überlegungen zu den fachspezifischen Problemen der Einzelfächer bilden.

Entsprechend dem Programm der methodischen Rekonstruktion wird dabei im Vordergrund stehen, *aus welchen Praxen heraus* durch Hochstilisierung einzelne *Fächer rekonstruiert* werden können, zu deren Stützung sie damit auch heute noch dienen, und wie sich im Rahmen dieser Betrachtung die *„Gegenstandskonstitution“* einzelner Fachwissenschaften *durch* ihre auf ihre praktischen Zwecke gerichteten *Methoden* begreifen läßt.

Nun bilden ja die heute z.B. an den Hochschulen vorzufindenden wissenschaftlichen Fächer eine ungeheure Vielfalt, wie leicht aus Klassifikationssystemen zu ersehen ist, die etwa für Bibliothekszwecke oder für andere Zwecke der Organisation des Wissenschaftsbetriebs entwickelt werden. Wie, z.B. in welcher Reihenfolge oder orientiert an welcher *Klassifikation,* soll man sich aber den Fachwissenschaften nähern? Schließlich sind sie ja in ihrer Organisationsform und in ihren Abgrenzungen gegen andere Fächer und Fächergruppen ein naturwüchsiges Geschichtsprodukt, von den vielfältigsten historischen Zufällen geprägt und mit Sicherheit nicht unter erkenntnistheoretischen oder wissenschaftstheoretischen Aspekten gewählt.

Selbstverständlich findet man überall in der Diskussion über Wissenschaften Grobeinteilungen wenigstens nach großen Fächergruppen schon vor. Die wohl allgemeinste und bekannteste dürfte diejenige in Natur- und Geisteswissenschaften sein. Aber schon ohne besondere Detailkenntnisse oder gar philosophische Überlegungen wirft diese Einteilung Fragen auf wie: Wo tauchen die Ingenieurs- oder Technikwissenschaften auf? Ist die Mathematik eine Geisteswissenschaft? Sollen die Sozialwissenschaften wie Volkswirtschaftslehre oder Politikwissenschaft genauso behandelt werden wie traditionelle Geisteswissenschaften, etwa die Literaturwissenschaft? Vor allem aber: Nach welchen Kriterien werden solche Einteilungen der Wissenschaften vorgenommen, angewandt oder aufgegeben?

Nun ist ohne Frage auch das *Einteilen* und Abgrenzen von vorfindlichen Fachwissenschaften ein Handeln, das *auf Zwekke gerichtet* bleibt. Dadurch kann bereits eine sprachtheoretische Überlegung begründen, daß die Abgrenzung einzelner Fächer voneinander oder ihre Zusammenfassung zu Fächergruppen nur als Mittel für bestimmte, explizit anzugebende Zwecke gelingen kann und muß, daß es also wenig sinnvoll ist, ein „zweckfreies“ Einteilungssystem der Wissenschaften zu suchen, das gleichsam die Fächer „an sich“ erfaßt. Es ist mit anderen Worten, philosophisch gesehen, kein Unglück, daß es viele konkurrierende Einteilungsschemata gibt, denn diese mögen je für spezielle Zwecke, Fragen und Unterscheidungsabsichten durchaus probate Mittel sein – nur dürfen sie dann in Diskussionen nicht miteinander so vermengt werden, als seien sie alle im Blick auf dieselben Zwecke sinnvoll.

Ungeachtet dieser sinnvollen Pluralität von Klassifikationen der Wissenschaften, bezogen auf eine Pluralität von Klassifikationszwecken sollen hier wenigstens einige *Einteilungsschemata* kurz besprochen werden, weil sie in Debatten um und mit Wissenschaftsverständnissen eine wichtige Rolle spielen. Sie sind ja als metatheoretische Prädikate für Wissenschaften immer auch wissenschaftstheoretische Produkte und *gehen einher mit wissenschaftstheoretischen Positionen*. Deren Verständnis aus methodischer Sicht soll wenigstens bis zu dem Punkt vorbereitet werden, wo sich Hinweise auf stillschweigende Annahmen, Ausschlüsse von Fragen und Problemen, oder auf Argumentationsfallen ergeben.

2. Kritik an traditionellen Klassifikationen von Fachwissenschaften

Wo immer es um die Gegenüberstellung von *Natur- und Geisteswissenschaften* geht, wird die viel zitierte Erläuterung des Neukantianers Wilhelm Windelband bemüht, der in seiner Straßburger Rektoratsrede von 1894 die Naturwissenschaften als *„nomothetisch"* (d.h. gesetzesbehauptend) und die Geisteswissenschaften als *„ideographisch"* (d.h. das Einzelne beschreibend) kennzeichnete. Vereinfacht gesagt, die Naturwissenschaften würden zur Formulierung von Naturgesetzen kommen, die Geisteswissenschaften wie z.B. die Geschichtswissenschaft zur Beschreibung von je einzelnen Personen, Situationen und Geschehnissen. Aber ersichtlich ist dies falsch: Heute weiß schon jeder Laie, daß Naturwissenschaften auch das Einzelne untersuchen und beschreiben, und zwar nicht nur unter dem Aspekt sozusagen des einzelnen Beispielfalles für etwas Universelles, Gesetzesartiges. Wenn etwa die Erdgeschichte geschrieben wird – man denke an die Theorie der Kontinentalverschiebung, die Alfred L. Wegener in seinem Buch *Die Entstehung der Kontinente und Ozeane* (1915) entwickelte – so findet sich dort eine naturwissenschaftliche Erklärung der Entstehung der Kontinente, die an der Form der sogenannten Kontinentalsockel z.B. an der Ostseite von Südamerika und der Westseite von Afrika überprüft werden kann. Auch wenn es im Weltall nicht einen einzigen weiteren Planeten geben sollte, auf dem sich ähnliches vollzogen hat, ist Wegeners Theorie über etwas Einzelnes eine naturwissenschaftliche und als gültig ausgewiesen. Auch Theorien über das Aussterben der Dinosaurier, die Entstehung des Sonnensystems oder die Entwicklung des Ozonlochs sind durchaus im Windelbandschen Sinne ideographisch.

Umgekehrt ist nicht generell auszuschließen, daß die sogenannten Geisteswissenschaften nomothetisch verfahren können, etwa wenn sie von Literaturgattungen sprechen, wenn sie Regularitäten in der Geschichte behaupten oder gesetzmäßige Zusammenhänge wie z.B. den von Produktivität und Geldwert in Volkswirtschaften ergründen.

Das Windelbandsche Beispiel ist nicht zuletzt deshalb lehrreich, weil es eine vorhandene, durch historische Zufälle der Universitätsgeschichte entstandene Grobeinteilung der Wissenschaften auf ein simples, letztlich aus der Logik kommendes Kriterium zurückspielen möchte, nämlich auf den *Unterschied von individuell und generell.* Dieser Unterschied, der in Logik und Sprachphilosophie und in vielen anderen Zusammenhängen eine bedeutende Rolle spielt, läßt sich aber keiner prominenten Aufgabe der Auszeichnung von Erkenntnis und Wissen zuordnen, weder in lebensweltlicher Praxis noch in den Wissenschaften. Wer – lebensweltlich oder wissenschaftlich – z.B. über eine Person etwas verläßlich wissen möchte, wird den Aspekt der Allgemeinheit von Gesetzesaussagen nicht für einschlägig halten; und wer allgemeine Kriterien für das Funktionieren einer Dampfmaschine handwerklich, technisch und naturwissenschaftlich herausarbeiten möchte, für den wird nicht die Einmaligkeit einer bestimmten Dampfmaschine oder einer bestimmten Konstruktions- oder Verwendungssituation wichtig. Man kann auch sagen, die Alternative von nomothetisch und ideographisch vernachlässigt gerade den Handlungscharakter von Wissenschaften, indem sie nicht den jeweiligen Zweck einer wissenschaftlichen Fragestellung berücksichtigt.

Hinter dem formalen Aspekt des Unterschieds von individuell und generell steht bei Windelband die Unterscheidung von Natur und Kultur in erkenntnistheoretischer Absicht: Natur und ihre Gesetze seien anders zu erkennen als Kultur und ihre Geschichte. Was dabei jedoch übersehen worden ist, ist der grundlegende Unterschied der Erkenntnisziele und Methoden von Natur- und Kulturwissenschaften; im ersten Teil dieses Buches ist dazu begründet worden, daß die Gesetzesartigkeit naturwissenschaftlicher Aussagen vom Kriterium der technischen Reproduzierbarkeit von Laborverhältnissen herrührt und nicht von einer (unbegründet angenommenen) Gesetzlichkeit des Gegenstandsbereichs. Warum es dagegen den Kulturwissenschaften nicht um die technische Reproduzierbarkeit von Verhältnissen gehen kann, ist u.a. daran zu erkennen, daß Menschen zwar Handlungen schematisieren und im strikten Sinne wiederholbar machen können, aber bei Widerfahrnissen, sofern sie handelnd provoziert werden, gerade Wiederholbarkeit ein wichtiges Unterscheidungskriterium ist. So kann ein Mensch z.B. nicht kurz hintereinander zweimal in dieselbe Überraschungs- oder Lernsituation gebracht werden, weil er nach dem erstenmal – durch Lernen – ein anderer geworden ist. Auch jeder Laie weiß, daß bestimmte historische Verhältnisse, einmal vergangen, nicht wieder technisch reproduziert werden können, das Rad der Geschichte nicht zurückgedreht werden kann.

Häufig wird der Unterschied von Natur- und Geisteswissenschaft dadurch beschrieben, daß allem Anschein nach wissenschaftstheoretisch, sogar handlungstheoretisch argumentierend – den *Naturwissenschaften* das Attribut *„erklärend"* gegeben wird, wo die *Geisteswissenschaften* angeblich *„verstehend"* seien. Damit ist gemeint, Naturwissenschaften hätten es mit „kausalen" Erklärungen von Phänomenen zu tun, die von Natur aus vorhanden seien, während es die Geisteswissenschaften mit Handlungen oder Schicksalen von Menschen und Gemeinschaften zu tun hätten, die nicht kausal erklärt, sondern nur im Blick auf ihre Zwecke und Ziele, ihr Gelingen und Scheitern zu verstehen (auch zu „deuten" oder zu „begreifen") seien. Diese Gegenüberstellung wird insbesondere dort gern bemüht, wo innerhalb ein und derselben Wissenschaft wie z.B. der Psychologie sowohl naturwissenschaftliche (erklärende, tatsachenwissenschaftliche) als auch geisteswissenschaftliche Strömungen oder Schulen auftreten.

Wieder kann durch eine kritische Betrachtung, was denn Wissenschaftler tatsächlich tun, wenn sie angeblich Naturphänomene erklären oder menschliche Tätigkeiten verstehen, die Grundlage dieser Gegenüberstellung als wenig tragfähig eingesehen werden.

Schon die Auffassung, die Naturwissenschaften würden natürliche oder *naturgegebene Phänomene*, d.h. das, was sich zeigt (wie sich für den Naturforscher der griechischen Antike Wolken, Sonne, Mond und Sterne am Himmel zeigten), *kausal erklären*, wirft unüberwindliche Schwierigkeiten auf: Fast alle „Phänomene", über die heutige Naturwissenschaften sprechen, sind nicht naturgegeben, sondern künstlich, nämlich in Laboratorien erzeugt oder künstlichen Beobachtungsbedingungen unterworfen. Man hat es also, einschließlich der Biowissenschaften, primär mit technischem Wissen zu tun, zumal die Vertreter dieser Fächer ihre Zustimmung oder Ablehnung zu Theorien und Erklärungen vom technischen Gelingen von Experimenten oder von Anwendungen abhängig machen. Darin liegt gerade deren spezifisch naturwissenschaftlicher Erfahrungscharakter.

Natürliche (im Sinne von: nicht vom Menschen erzeugte) Phänomene werden in den Naturwissenschaften dadurch „erklärt", daß man sie durch technisch beherrschte Laborphänomene simuliert (wie bei den kinematischen Beschreibungen der Keplerbewegungen unserer Planeten), und Simulationen oder „Modelle" im Rahmen technischen Bewirkungswissens experimentell etabliert (vgl. unten den Abschnitt „Das Experiment in den Wissenschaften").

Der Begriff des Erklärens in den Naturwissenschaften wird kontrovers diskutiert, wie eine gewaltige Literaturfülle zu diesem Thema belegt. Ist z.B. schon die Subsumption eines Einzelfalles (z.B. des Falls einer Kugel auf der schiefen Ebene in der Stube von Galileo Galilei) unter ein allgemeines (Fall-) Gesetz eine naturwissenschaftliche Erklärung (nach dem berühmten „Hempel-Oppenheim-Schema" der Erklärung), obgleich trotz experimenteller Prüfung hier von Ursache und Wirkung nicht die Rede war, oder ist erst die technische Beherrschung des Ursache-Wirkungs-Verhältnisses durch den manuellen Eingriff des Experimentators und deren wiederholbarer technischer Erfolg ausreichend, um von einer Kausalerklärung zu sprechen? Wie immer die Wahl ausfällt, sofort schließt sich an sie die Frage an, ob und warum dieser Typus von angeblich naturwissenschaftlichen Erklärungen nicht auch auf menschliche Handlungen und Schicksale zutreffen können sollte. Sind nicht, um eine heute verbreitete, wenn auch mit Mißverständnissen belastete Auffassung zu bemühen, auch alle Menschen letztlich biologisch beschreib- und in ihrer Funktion erklärbare Organismen, unterliegen also Naturgesetzen und sind deshalb in ihren Handlungen und Schicksalen kausal erklärbar, so daß für den verstehenden Geisteswissenschaftler nichts mehr zu verstehen übrigbleibt?

Ein drittes und letztes Beispiel einer sehr geläufigen Grobklassifikation der Wissenschaften soll betrachtet werden: Man spricht gerne im Anschluß an ein Buch von C. P. Snow von den *„zwei Kulturen"*, wenn man die Grobeinteilung der Universitätswissenschaften in Natur- und Geisteswissenschaften meint. (Dabei müssen dann die Mathematiker und die Ingenieure über sich ergehen lassen, zu den Naturwissenschaften gerechnet zu werden, während alle Nicht-Naturwissenschaften, z. B. die Rechtswissenschaft, die Soziologie oder die Wirtschaftswissenschaften zu den Geisteswissenschaften zählen.) Dieser gewaltsamen Einteilung liegt ein soziologisches Stilkriterium zugrunde, wonach eine Zweiteilung von Begabungen, Neigungen, Intelligenztypen, und vor allem Formen des Treibens von Wissenschaften zu unterscheiden sind. Und selbstverständlich würden beide Kulturen verschiedene Typen von Weltsichten entwickeln, die schwer miteinander zu vermitteln seien, weshalb auch der Graben zwischen den Natur- und Geisteswissenschaften mit zunehmender Spezialisierung immer tiefer würde, so daß schließlich die Wissenschaft ihre Kompetenz verlöre, weltgeschichtliche Aufgaben zu lösen, die immer beide Aspekte, natürliche wie kultürliche, umfaßten.

Aus dem ersten Teil dieses Buches ergibt sich als erster Einwand gegen eine solche Einteilung, daß sie sich selbst als eine mit soziologischen, empirischen Mitteln arbeitende Beschreibung des Wissenschaftsbetriebs der Möglichkeit begibt, *begründet* von *Wissenschaftlichkeit* zu sprechen und damit die für das Treiben von Wissenschaften entscheidenden oder wichtigen Merkmale herauszuarbeiten. Wie sollte sichergestellt werden, daß – selbst im Falle des Zutreffens der Beschreibung von Snow – es dabei um die für die Fächergruppen konstitutiven Erscheinungsformen geht? Handelt es sich dabei vielleicht nur um eine historisch zufällige Unterscheidung von Moden und Lebensstilen, die nichts mit der spezifischen Wissenschaftlichkeit von Natur- und Geisteswissenschaften zu tun haben? Die Rede von den zwei Kulturen der Wissenschaft sieht zwar immerhin, daß auch das Treiben von Naturwissenschaft eine Kulturleistung ist, verdeckt aber alle wissenschafts- und erkenntnistheoretischen Probleme der Arbeitsteilung zwischen den Fächergruppen.

Diese drei, hier wegen ihrer besonderen Häufigkeit in Diskussionen aufgegriffenen Beispiele, den Gegensatz von Natur- und Geisteswissenschaften zu erläutern, sind Beispiele nur für die allergröbsten Klassifikationsversuche. Systematisierungsfragen der Wissenschaften können auch speziellere Probleme betreffen wie z.B. das Verhältnis von Physik und Chemie, oder von Chemie und Biologie (etwa, um eine „Reduktion" eines Faches auf ein anderes zu behaupten), oder von Physik und Mathematik (z.B. um die Hilfsfunktion der Mathematik für die Physik zu diskutieren), oder von Geschichts- und Rechtswissenschaft, ja sogar innerfachliche Abgrenzungen wie Verhaltens- und Kognitionspsychologie, Geschichtswissenschaft und Geschichtswissenschaft der Geschichtswissenschaft usw. Unbegründet und unerfüllt bleibt dabei die Hoffnung, in solchen Systematisierungsfragen ein alle Fächer abdeckendes Schema zu finden, das sich einer einheitlich durchgehaltenen

Zwecksetzung verdankte und dabei den Anspruch erheben dürfte, allen anderen Systematisierungen überlegen zu sein. Deshalb soll auch der folgende Durchgang durch Typen wissenschaftstheoretischer Einzelprobleme mit *keinem Anspruch* einer universellen Klassifikation der Wissenschaften verknüpft sein.

Statt dessen wird die spezielle methodisch rekonstruierende Wissenschaftstheorie unterschiedliche Handlungsweisen diskutieren, wie das logische Schließen, das Rechnen, das Experimentieren usw. Denn ersichtlich treffen ja Systematisierungsversuche der Wissenschaften immer auf Überschneidungsprobleme der Art, daß z.B. auch in einer historischen Wissenschaft gerechnet, vielleicht sogar experimentiert wird (wenn man etwa das Herstellungsverfahren oder den Zweck von Geräten ergründen möchte, die bei Ausgrabungen gefunden wurden) und umgekehrt in einer Naturwissenschaft oder der Mathematik ästhetische Kriterien eine Rolle spielen. Das heißt, fächerspezifische Besonderheiten werden unter Verzicht auf eine Klassifikation der Wissenschaften betrachtet als eigene Handlungsbereiche, die jeweils eigene Aufgaben, eigene Methoden und eigene Erfolgskriterien hervorgebracht haben, die ihrerseits je nach Zweckmäßigkeitsgesichtspunkten in verschiedenen Universitätsfächern eingesetzt werden.

3. Die Logik in den Wissenschaften

Da alle Wissenschaften, wie im ersten Teil dargelegt, notwendigerweise sprachlich verfaßt sind, scheint es auf den ersten Blick überflüssig, „logisch argumentierende" Wissenschaften auszeichnen zu wollen. Tatsächlich wird es keine Wissenschaft geben, die ohne logisch schlüssige Argumente für Behauptungen auskommt. Andererseits läßt sich leicht zeigen, daß verschiedene Wissenschaften in verschiedener Weise von Logik abhängen, auch wenn zugestanden ist, daß selbstverständlich in keiner Wissenschaft logische Fehler vorkommen dürfen.

Am deutlichsten ist die prominente *Rolle des logischen Schließens* in die *Mathematik*. Wie auch der Laie weiß, hat die

Mathematik eine eigene *Kunst des Beweisens* entwickelt, bei der aus explizit angegebenen Voraussetzungen mit Hilfe logischer Schlüsse eine Behauptung „logisch abgeleitet" wird. Auf die Feinheiten unterschiedlicher Typen des Beweises und auf philosophische Fragen der Beweisbarkeit schlechthin, oder auch des Verhältnisses der Stärke der Beweismittel zur Stärke der zu beweisenden Behauptung, kann hier nicht eingegangen werden. Sie sind den Bereichen von Beweistheorie und Metamathematik vorbehalten.

Es dürfte aber auch dem Laien in Sachen der Logik sofort einleuchten, daß „logisch argumentierende" Wissenschaften sofort in Grundlagenprobleme geraten, wenn es eine *Konkurrenz verschiedener Logiken* gibt. Dann muß der Fachwissenschaftler eine Auswahl treffen und, da es sich ja um Wissenschaft handelt, eine begründete Auswahl. Wenn gar, wie in der Mathematik, verschiedene Logiken zu verschiedenen Theorien führen (z.B. bei der Behandlung des Unendlichen), so muß der Mathematiker die Konkurrenz von Logiken für seine Wissenschaft bedenken und seine Wahl einer bestimmten Logik begründen.

Hier kann eine solche, die Philosophie der Logik und der Mathematik betreffende Alternative nicht diskutiert werden. Es sollte nur dem Leser einer Einführung in die Wissenschaftstheorie bekannt sein, daß es nicht „die" Logik als eine einzigartige, vielleicht an „ewigen Denkgesetzen" orientierte Disziplin gibt, sondern – für den, der alle Erkenntnisbemühungen als menschliche Handlungen nach Zwecken begreift, nicht mehr überraschend – Logik nur als historisches Produkt, das sich nach der Verschiedenheit von Zwecken und Zielen auf verschiedene Wege begeben kann. So gibt es, um nur die für das Beweisen in der Mathematik wichtigsten Unterschiede zu nennen, neben einer *„klassischen" Logik* auch eine *„konstruktive"*: Diese Logiken unterscheiden sich vor allem darin, daß die Klassische (unbegründet) annimmt, daß (1) jede Aussage *immer entweder wahr oder falsch* sei, es also ein Drittes nicht gäbe, daß (2) diese als „Zweiwertigkeit" bezeichnete Setzung ausreiche, das „wenn-dann", (also einen Folgerungsbegriff) zu definieren, und daß (3) über das Unendliche so gesprochen werden darf, als sei es „aktual“, d.h. in der unendlichen Menge seiner Gegenstände komplett vorhanden und theoretisch erfaßbar. (Unstrittig ist dabei, daß die Mathematik auf die Behandlung verschiedener Typen von Unendlichkeiten nicht verzichten kann.) Die konstruktive oder dialogische Logik dagegen wird eingebettet in Handlungszusammenhänge des Argumentierens zwischen Gesprächspartnern, die die Unterstellung des *tertium non datur*, also des „ein Drittes (neben wahr und falsch) wird nicht gegeben“ nicht teilen, die Beschränkung auf das behauptende Reden nicht mitmachen und auch von („potentiellen“) Unendlichkeiten nur so sprechen, daß ihre menschliche Erfindung (etwa durch nicht endende Erzeugungsmuster) nicht aus dem Auge verloren wird – man denke etwa an das Verfahren, zu einer schon gezählten Zahl die nächst höhere zu nennen oder eine schon halbierte Strecke noch einmal zu halbieren – also Handlungsschemata, an denen Fortsetzbarkeit ohne Ende ersichtlich ist, im Unterschied etwa zum Austrinken einer Tasse. Das heißt, Logik als Mittel des Argumentierens und Beweisens in einzelnen Wissenschaften ist selbst ein durch Handlungen (von Logikern, Philosophen und Fachwissenschaftlern) hervorgebrachtes Kulturprodukt und kann, ja muß im Konkurrenzfalle verschiedener Logiken, auf Zweckmäßigkeit kritisch beurteilt werden.

In jüngster Zeit ist auch die konstruktive oder dialogische Logik, die ihrerseits schon eine Verbesserung der klassischen sein möchte, hinsichtlich ihrer Fundierungsprobleme einer Kritik unterworfen worden. Vor allem das dialogische Entscheidungsverfahren beruht nach dieser Kritik auf *de facto* nicht gerechtfertigten und auch schwer rechtfertigbaren Spielregeln, bei denen in einem Angriffs- und Verteidigungsspiel zwischen einem Proponenten und einem Opponenten willkürliche Wiederholungsverbote aufgerichtet werden, um ganz bestimmte, aus der logischen Tradition kommende Formeln begründbar zu machen. Deshalb spricht vieles dafür, an die Stelle einer dialogischen Logik eine andere zu setzen, die sich selbst als „*kulturalistische Relevanzlogik*“ bezeichnet und, wie ihr Name sagt, Logik als Kulturphänomen nach Gesichtspunkten begründet, die sich aus der Relevanz für bestimmte Anwendungsbereiche ergeben.

Die Logik als Lehre vom gültigen Schließen ist traditionell ein eigenes Gebiet der Philosophie und für die Grundlagen der Wissenschaften von erheblicher Bedeutung. Der Leser sei hier auf spezielle Texte des Literaturverzeichnisses verwiesen.

Einschlägig ist die Logik nicht nur für die Mathematik, die nach dem vorherrschenden Verständnis ihrer modernen Vertreter ihre Lehrsätze allein der logischen Ableitung aus Axiomen verdankt, sondern für viele weitere Anwendungsfälle, von denen hier zwei, die Rechtswissenschaft und die mathematische Physik, exemplarisch herausgegriffen seien.

Diese allem Anschein nach so verschiedenen Disziplinen, die auch nach dem Verständnis ihrer Vertreter kaum Gemeinsamkeiten aufweisen, hier in einem Atemzug zu nennen, soll verdeutlichen: In beiden Fällen, einmal etwa in der Argumentation zur rechtlichen Entscheidung eines Falles nach Maßgabe von Gesetzen, zum anderen in der Argumentation für oder gegen einen physikalischen Lehrsatz aufgrund experimenteller Daten, handelt es sich um menschliche Handlungen, genauer Sprechhandlungen, in denen Sätze logisch durch andere Sätze begründet werden sollen. Dabei ist kein Grund auszumachen, daß etwa Juristen und Physiker verschiedene Logiken haben sollten, sofern die Logik Schlußregeln aufstellt, die einsichtigerweise von gültigen zu gültigen Aussagen führen. Erst wo der Jurist wegen eines Bezugs auf Vorschriften und Gesetze mit Hilfe der Logik Sollenssätze begründen will, benötigt er eine speziellere, nämlich eine „deontische Modallogik“, d.h., Schlußregeln für Wörter wie geboten, verboten, erlaubt usw. Und erst wo der Physiker durch Verwendung von Mathematik auf das Unendlichkeitsproblem stößt, muß er sich – im Unterschied zum Juristen – zusätzlich Sorgen um seine Logik machen.

Hier geht es nicht um Feinheiten, die letztlich nur dem Fachmann für Logik zugänglich sind, sondern um konsequenzenreiche wissenschaftstheoretische Entscheidungen der Fachwissenschaften selbst: Wenn etwa der Physiker über seine *physikalischen Gesetze* behauptet, sie würden „für alle" Gegenstände eines Gegenstandsbereiches gelten (wie z.B. das Gravitationsgesetz „für alle Körper"), so spielt es schon eine erhebliche Rolle, ob er diese Behauptung im Sinne des aktual oder des potentiell Unendlichen versteht: Im ersten Falle muß er so tun, als ob es eine komplette Aufzählung aller Körper gäbe, so daß dann für jeden von ihnen – jeder Behauptungssatz muß ja nach klassischer Logik entweder wahr oder falsch sein – aus Erfahrung entschieden werden kann, ob der Satz gilt oder nicht. Es ist genau dieses Verständnis, welches dann den Physiker zur Folgebehauptung führt, jeder allgemeine Erfahrungssatz, also die sogenannten Naturgesetze, seien *nur vorläufig bewährt*, da sie selbstverständlich nicht an allen möglichen Instanzen hätten kontrolliert werden können. Aber je öfter man einen Satz an Einzelbeispielen bestätigt gefunden hätte, um so größer würde die Sicherheit, daß er auch für alle künftigen Fälle seine Geltung besäße. Mit anderen Worten, die Entscheidung des Physikers für oder gegen die zweiwertige, klassische Logik schlägt durch bis auf das Verständnis physikalischer Theorien und sogenannter „Naturgesetze".

Wer aber berücksichtigt, daß auch im Falle von Unendlichkeiten konstruierende und handelnde Menschen Urheber sind, wird berücksichtigen, daß allenfalls *nicht endende Verfahren*, also Handlungsschemata, die nicht zu einem Ende führen (wie das Zählen im Unterschied zum Ausschöpfen eines Gefäßes), den Gegenstandsbereich des Physikers kennzeichnen. Er wird also die Gesetzesartigkeit sogenannter Naturgesetze nicht bestimmen durch Bezug auf die Menge aller Gegenstände im Universum („Universalität"), sondern er wird die Universalität von sogenannten Naturgesetzen im Schematischen der Handlungsschemata, d.h. der Methoden der Physiker suchen. Weil sich immer Gleiches ereignet, wenn der Physiker im Labor die gleichen Umstände technisch herbeiführt, sprechen wir von einem *Naturgesetz*.

Diese Beispiele mögen genügen, um die Einschlägigkeit von Logik und der Entscheidung für oder gegen bestimmte Logiken für ein Verständnis von Wissenschaften als Handlung zu dokumentieren.

Sofern eine Auseinandersetzung zwischen verschiedenen wissenschaftstheoretischen Richtungen, z.B. zwischen der des *methodischen Konstruktivismus*, oder des *Kulturalismus*, der des *Logischen Empirismus des Wiener Kreises* oder auch des *Kritischen Rationalismus* oder moderner Varianten der Analytischen Wissenschaftstheorie in den Blick kommt, spielen verschiedene Auffassungen zur Logik ebenfalls eine geradezu entscheidende Rolle. Wer nämlich z.B. die Theorien von Fachwissenschaften mit Hilfe der Klassischen Logik rekonstruiert und damit unterstellt, alle Aussagen dieser Fachwissenschaft müßten immer entweder wahr oder falsch sein, der unterstellt damit zugleich, daß alle Sätze dieser Wissenschaft *Behauptungscharakter* haben. Es ist aber eine philosophisch offene Frage, ob die Kriterien, nach denen dann Fachwissenschaftler bestimmten Behauptungen zustimmen oder nicht, von der Art sind, daß man es tatsächlich mit Behauptungen zu tun hat. Wissenschaftliche, vor allem *auch naturwissenschaftliche Theorien* können nämlich auch als *vorschreibende Satzsysteme* begriffen werden, die dem Experimentator oder auch dem die naturwissenschaftlichen Theorien technisch anwendenden Ingenieur sagen, was er zu tun hat, um bestimmte technische Erfolge zu erreichen. Dann aber sind einzelne Sätze naturwissenschaftlicher Theorien nicht mehr wahr oder falsch (im Sinne von Wahrheit oder Falschheit von Beschreibungen, wie wir sie im Alltagsleben kennen), ebensowenig wie ganze Theorien, sondern nur noch zu unterscheiden nach zweckmäßigen und unzweckmäßigen Handlungsvorschriften (wie bei Kochrezepten). Sie sind Instrumente für ihren technischen Gebrauch – und in diesem Sinne „instrumentalistisch" interpretiert.

Die Rolle der Wahl einer Logik für wissenschaftstheoretische Fragen ist sogar so wichtig, daß sich daraus Probleme in den Fachwissenschaften ergeben können, die bei einer anderen Logikwahl erst gar nicht entstehen. So hat es z.B. in der Analytischen Wissenschaftstheorie eine lange Diskussion sogenannter Dispositionsprädikate gegeben, d.h. von Wörtern wie

„brennbar“ oder „wasserlöslich“, deren Definitionen („brennt, wenn über eine bestimmte Temperatur und bei Anwesenheit von Sauerstoff erhitzt“ bzw. „löst sich, wenn in Wasser gelegt“) eine logische wenn-dann-Verknüpfung enthalten und bei deren klassisch-logischer Interpretation zu Paradoxien führt (wie, daß jedes schon verbrannte Holzstück wasserlöslich ist, weil für dieses die Prämisse „ist ins Wasser gelegt worden“ falsch ist, und aus Falschem klassisch Beliebiges, also auch „löst sich“, folgt.) Festzuhalten bleibt daher, daß die offensichtliche Trivialität des Befundes, Wissenschaften spielten sich in der Sprache ab und bedürften zum schlüssigen Argumentieren einer Logik, nicht zu der falschen Auffassung verleiten sollte, es sei für ein Verständnis der Wissenschaften unerheblich, welcher Logik sie sich dabei bedienten.

4. Die Mathematik in den Wissenschaften

Zählen und rechnen lernt heute jedes Kind. Die Mathematik jedoch, die in verschiedenen Fachwissenschaften benötigt wird, geht meistens über das mathematische Schulwissen hinaus, selbst über das Schulwissen eines Abiturienten mathematisch-naturwissenschaftlicher Oberschulen.

In manchen Disziplinen wie den Wirtschaftswissenschaften, der Psychologie oder der Soziologie werden aufwendige statistische Methoden verwendet, andere Disziplinen, vor allem in den Geisteswissenschaften, kommen mit wenig oder einfacher Mathematik aus. Die theoretischen Zweige der Naturwissenschaften jedoch, sozusagen in aufsteigender Reihenfolge, der Biologie, der Chemie und der Physik, schöpfen das Angebot an höherer Mathematik, das von professionellen Mathematikern bereitgestellt und weiterentwickelt wird, zu einem erheblichen Teil aus. (Über die nur den Mathematiker interessierenden Theorien wollen wir hier nicht sprechen.)

Dabei hat sich in unserem Jahrhundert in allen Disziplinen, die sich mathematischer Theorien als Hilfsmittel bedienen, aus einer unbestritten vernünftigen und ökonomischen Arbeitsteilung heraus ein *Verständnis der Mathematik* entwickelt, das gerade den Handlungscharakter des Treibens von Mathematik aus den Augen verloren hat: Mathematische Theorien werden als *„formal"* bezeichnet, die in einzelnen Fachwissenschaften „angewendet" würden; d.h., mathematische *Theorien* werden nur noch als Satzstrukturen betrachtet, in logischer Terminologie, als *Systeme von Aussageformen* (daher die Bezeichnung „formal"), die zu Aussagen erst durch eine „Interpretation" werden. („x ist Philosoph" ist eine Aussageform, die bei Ersetzung der „Variablen" x durch den Eigennamen „Sokrates" in eine Aussage übergeht. „x ist P" erhält darüber hinaus auch für den Prädikator „Philosoph" noch eine Variable, stellt also eine weitergehende Formalisierung dar als „x ist Philosoph".) Der Sache nach besteht eine solche Interpretation darin, daß bestimmte Teile mathematischer Formeln, nämlich einzelne Sorten von Variablen, entweder durch Namen für individuelle Dinge oder durch Prädikate ersetzt werden. Gehen Aussageformen der Theorie durch eine Interpretation in wahre Aussagen über, so sagt man dafür auch, der durch die Interpretation erfaßte Gegenstandsbereich (z.B. einer Einzelwissenschaft) sei ein *Modell der* formalen mathematischen *Theorie*.

Bei den Mathematikern hat sich dabei, vor allem propagiert durch den berühmten Mathematiker David Hilbert (1862–1943), eine vermeintlich modernisierte Form der antiken Geometrie Euklids durchgesetzt, wonach Satzsysteme, die einen mathematischen Wissensbereich erschöpfend abdecken, *„axiomatisch"* angegeben werden. („Vermeintlich" deshalb, weil bei Euklid aus gutem Grund zwei verschiedene Sorten von Axiomen vorkommen, denen zudem Systeme von Definitionen vorausgehen, was beides für die moderne, Hilbertsche Form axiomatischer Theorien nicht zutrifft.) Diese Form der Theorie ist dann auf andere, programmatisch sogar auf alle Teilgebiete der Mathematik und auf theoriebildende Naturwissenschaften übertragen worden, weshalb sie hier diskutiert wird. Auf die Geometrie und auf ihre wissenschaftstheoretische Verschiedenheit zur Arithmetik gehen wir später ein.

„Axiome" heißen dabei Sätze, von denen verlangt wird:

- *Widerspruchsfreiheit*: Aus den Axiomen einer Theorie darf sich zu keiner Aussage deren Negation logisch ableiten lassen (logisch wird unter einem „Widerspruch" die Behauptung einer Aussage und ihres 'Gegenteils', also ihrer Negation, verstanden).
- *Minimalität* (des Axiomensystems; manchmal auch als *Unabhängigkeit der Axiome voneinander* bezeichnet), d.h., kein Axiom darf sich aus den anderen logisch ableiten lassen.
- *Vollständigkeit*, d.h. jeder im betreffenden Gegenstandsbereich gültige Satz muß aus dem Axiomensystem ableitbar sein.

Anschaulich gesprochen fassen Axiome nach dieser bisher gegebenen Bestimmung das Wissen eines Bereichs in möglichst sparsamer und übersichtlicher Form zusammen. In der Mathematik jedoch hat sich der *Axiomatizismus*, d.h. die Auffassung, Theorien *müßten* in axiomatischer Form gegeben sein, nicht zuletzt wegen der erwähnten Arbeitsteilung zwischen Mathematik und ihren Anwendungen in den Fachwissenschaften zugleich als *„Formalismus"* durchgesetzt, wonach axiomatische Theorien und entsprechend Axiome keine Satzsysteme und Sätze mehr sind, sondern *nur noch* die *logischen Formen* von diesen. Entsprechend werden Mathematiker als Produzenten und Lieferanten von Formelsystemen gesehen, nach Analogie eines Vorrats von Werkzeugen, deren sich dann der Fachwissenschaftler nach Bedarf bedienen solle. (Der Leser beachte, daß das Wort „Formalismus" in zwei verschiedenen Verwendungsweisen gebräuchlich ist. Zum einen bedeutet es, wie im vorliegenden Text, eine wissenschaftstheoretische Auffassung, wonach sinnvoll formale Theorienstrukturen vor oder unabhängig von ihren „Anwendungen" entwickelt werden können und sollen, also gleichsam theoretische Werkzeuge auf Vorrat. Zum anderen bedeutet „Formalismus" auch eine Kennzeichnung bestimmter Zeichensysteme [dort kann dann z.B. noch ein „Halb-" und ein „Vollformalismus" unterschieden werden]. Auf diese technischen Probleme der Formalisierung können wir hier nicht eingehen.)

Nimmt man die Werkzeugmetapher ernst, so zeigt sich, daß sie als sinnvoll unterstellt, von der Herstellung von Werkzeugen auf Vorrat zu sprechen, deren Verwendung (und damit Werkzeugcharakter) erst später und von jemand anderem als dem Hersteller entdeckt werden könnte – für die Herstellung tatsächlicher Werkzeuge selbstverständlich eine abwegige Vorstellung. Tatsächlich müssen fachwissenschaftliche Benützer mathematischer Theorien etwas leisten oder nachvollziehen, was recht besehen auch der Produktion formaler Theorien vorausgeht: Sie müssen nämlich die Handlungsbereiche explizit sprachlich fassen, von denen dann die formalen Theorien die Strukturen sind. Man sagt dafür auch, die *„materialen" Theorien gehen den formalen methodisch voraus.* Dies soll an einem Beispiel erläutert sein, um daran zu verdeutlichen, was die methodische Rekonstruktion des Rechnens in den Wissenschaften leistet.

Wählen wir als einfachstes Beispiel die vier Grundrechenarten und entsprechend die rationalen Zahlen, d.h. die, die als Brüche von ganzen (positiven oder negativen) natürlichen Zahlen geschrieben werden. Die „natürlichen Zahlen" sind diejenigen, die dem Kind in der Form einer geordneten Reihe von Zahlwörtern begegnen, ergänzt um Regeln, wie damit Wörter für immer größere Zahlen zu bilden seien.

Die formalaxiomatische Mathematik bietet dazu selbstverständlich ein Axiomensystem an, die sogenannten Peano-Axiome. Durch sie – auf technische Einzelheiten soll es hier nicht ankommen – wird z.B. gesetzt, daß 1 die kleinste natürliche Zahl ist, daß es zu jeder natürlichen Zahl eine um 1 erhöhte gibt, und daß aus der Gleichheit zweier um 1 erhöhten Zahlen die Gleichheit dieser Zahlen folgt. Schon daran ist ersichtlich, daß die Peano-Axiome nur „versteht", wer mit dem Zählen und Rechnen als alltägliche Fertigkeit so weit gekommen ist, daß er weiß, was das Zahlwort „eins" bedeutet, wie man zu einer Zahl 1 addiert und was es heißt, daß zwei Zahlen gleich sind. Dem Verständnis der Peano-Axiome geht also der *Erwerb von Handlungsfähigkeiten des Zählens und Rechnens* voraus. Ein formalaxiomatischer Mathematiker würde dagegen einwenden, an Axiomensystemen gäbe es nichts zu verstehen; sie sind vielmehr als definitorische Setzungen zu betrachten, über die hinaus die in ihnen vorkommenden Ausdrücke wie etwa die Ziffer 1 oder das mathematische Zeichen für Gleichheit (=) nichts bedeuteten. Hierbei wird übersehen, daß formal-axiomatische Theorien als menschliche Erfindungen und Produkte des Handelns (auch der Mathematiker muß zumindest entweder reden oder etwas aufschreiben) den *Fragen nach Zweck und Ziel und nach der Eignung von Mitteln offenstehen* und, wenigstens in hier einschlägigen Fällen, immer *nachträgliche Formalisierungen* schon vorhandener, und zwar als Handlungen mit Reihenfolgen in der Zeit vorhandener Handlungen des Redens oder Schreibens möglich sind. Das heißt aber, daß – zunächst in einer unscharfen Terminologie – immer *zuerst konkrete oder angewandte Mathematik* und *dann* erst *abstrakte (formale) Mathematik* getrieben werden kann. Dabei ist, was hier „abstrakte Mathematik" genannt wurde, durchaus sinnvoll: Man denke an die Bewährung der Praxis, etwa bei Verteilungsproblemen von Früchten oder Süßigkeiten unter Kindern die Empfänger und das zu Verteilende zu zählen und dann auszurechnen, wieviel jeder bekommt. Und da es immer wieder andere und neue Fälle solcher Aufgaben gibt, ist es sinnvoll, das *Zählen und Rechnen allgemein*, d.h. losgelöst von individuellen Anwendungsfällen und Zwecken zu erlernen. So verhält es sich auch mit den formalen Theorien zu materialen Mathematiken: Wo gleiche Strukturen auftreten, ist es sinnvoll, eine formale Mathematik als Strukturwissenschaft zu betreiben.

Der Leser sollte dabei aber immer im Auge behalten, daß es keinen Himmel von abstrakten Gegenständen wie Zahlen, Funktionen, Mengen und dergleichen gibt, aus dem sie der Mathematiker nach Belieben in formalen Axiomatiken abruft. Jede, auch die abstrakteste Mathematik spielt insofern „auf der Erde", als sie handelnd von (endlichen) Menschen nach Zwecken erzeugt wird. Daher muß auch anzugeben sein (und es ist auch anzugeben und in einschlägigen philosophischen Lehrbüchern nachzulesen), wie z.B. von der Handlung des

Zählens zum Begriff der Zahl und zu den Zahlen zu kommen ist, wie die Zählgleichheit (schon das Abzählen der eigenen Finger durch ein kleines Kind ist die Herstellung einer Zählgleichheit, nämlich der Finger und der Anzahl verschiedener Zahlwörter) zur mathematischen (oder genauer „arithmetischen") Gleichheit zu gewinnen ist und wie von Rechenausdrücken zu „Funktionen" und „Mengen" übergegangen werden kann.

Die *Auffassung* dagegen, es müsse immer sogenannte *undefinierte mathematische Grundbegriffe* wie z.B. den der „Menge" oder den des „Element-einer-Menge-Seins" oder des „Punktes" (in der Geometrie) usw. geben, ist *nicht begründet*. Selbstverständlich sind auch diese wie (fast) alle mathematischen Gegenstände „Konstruktionen" – die Vorsicht, „fast" zu sagen, ist erforderlich, weil in formalen Theorien auch so verfahren werden kann, als hätte man bereits etwas konstruiert. Und selbstverständlich betreffen diese Konstruktionen handelnd erzeugte Gegenstandsbereiche wie Zählzeichen (wie in der Arithmetik), Symbolreihen (wie in der Mengenlehre) oder gezeichnete Figuren bzw. an Körpern hergestellte räumliche Formen (wie in der Geometrie).

Wer gar den Befund, daß es sich als Mode eingespielt hat, einige Grundbegriffe undefiniert zu lassen (in der Analytischen Wissenschaftstheorie heißen diese dann aus syntaktischen Gründen „primitive Terme"), wer also sozusagen einen wissenschaftshistorischen oder soziologischen Befund zur systematischen Behauptung ummünzt, jede Theorie *müsse* undefinierte Grundbegriffe haben, weil nicht alle Fachwörter explizit definierbar seien, macht sich nicht nur der Verwechslung des Faktischen mit dem Normativen schuldig. Er übersieht auch, daß jede Theorie eine (eventuell sogar sprachfreie) Praxis der Erzeugung ihrer Gegenstände hat oder haben kann (wie z.B. das Zeichnen geometrischer Figuren oder das Anschreiben von Strichen als Zählzeichen), so daß auch noch andere Definitionswerkzeuge und Verfahren zur Verfügung stehen als die Herstellung innertheoretischer, logischer Beziehungen zwischen einzelnen ihrer Wörter.

Für die rechnenden Wissenschaften bleibt festzuhalten, daß es zwar für den Alltag des Fachmanns praktikabel sein mag, mathematisches Strukturwissen im Sinne einer *Ad-hoc*-Brauchbarkeit ohne ein Nachvollziehen der ihm zugrundeliegenden Konstruktionen einfach anzuwenden, aber die dafür übliche Legitimation, dieses Verfahren hätte sich „bewährt", heißt in der Regel nicht mehr, als daß niemand dagegen etwas einwendet, weil es alle so machen (d.h. welche Zwecke man mit welchen Mitteln verfolgt), im Unterschied zu einem *Wissen, was man tut*. Der Anwendungsbereich mathematischer formaler Theorien in einer Fachwissenschaft ist in Wahrheit selbst von den Wissenschaftlern so strukturiert, daß gezählt und gerechnet werden kann. In solchen Fällen bietet es sich als ökonomisch und fruchtbar an, das dafür von den Mathematikern bereitgestellte (Struktur-)Wissen zu nutzen.

5. Die Messung in den Wissenschaften

Auch das Messen ist, wie das logische Schließen, das Zählen und das Rechnen, eine Alltagsfertigkeit. Im ersten Teil wurde bereits als Beispiel diskutiert, wie sich aus alltäglicher Meßkunst durch Hochstilisierung im Sinne bestimmter Universalisierungen eine wissenschaftliche Meßkunst herausentwickelt.

Von der *Handlung des Messens* soll überall dort die Rede sein, wo *Meßgeräte verwendet* werden. Man möge aber mit dem Wort „Geräte", für das auch die lateinischen Lehnwörter „Instrument" und „Apparat" gebräuchlich sind, sorgfältig umgehen: Wie der Wortsinn dieser drei Wörter schon besagt, sind sie für irgend etwas geraten, eingerichtet (von lateinisch *instruere*) oder parat gemacht, nämlich *von Menschen für menschliche Zwecke*. Meßgeräte sind also handwerklich-technisch hergestellte Dinge, mit dem lateinischen Wort bezeichnet, *Artefakte*. (Man beachte, daß in experimentellen Naturwissenschaften das Wort „Artefakt" auch noch in einem ganz anderen Sinne gebraucht wird – nämlich für ein auf Störungen zurückzuführendes und insofern falsches oder unbrauchbares Beobachtungs- oder Meßergebnis. Diese naturwissenschaftliche Sprechweise von „Artefakt" gibt übrigens zu erkennen, daß Störungen oder Schmutzeffekte in der Laborforschung so interpretiert werden, als seien sie als „künstlich Gemachtes" der wichtige Unterschied zu dem von Natur aus Vorhandenen, sich in Beobachtung und Experiment Zeigenden. Später wird sich erweisen, daß darin eine irrtümliche, „naturalistische" Fehlinterpretation liegt, weil ja gerade das von Störungen oder Schmutzeffekten Befreite, Ungestörte vom Menschen mit sehr viel Kunstfertigkeit erfolgreich erzeugt worden ist.) Hier, bei den Meßgeräten, ist jedoch die wörtliche Übersetzung „künstlich" oder „kunstfertig Gemachtes" gemeint. Man sollte also prinzipiell, um Verwirrung zu vermeiden, z.B. die Sinnesorgane des Menschen nicht als Meßgeräte bezeichnen, obgleich wir mit ihnen in der Lage sind, auch größenmäßige Abschätzungen vorzunehmen. (Die Rede von „Organen", zu deutsch also von Werkzeugen, ist selbst eine schwere philosophische Hypothek, die von Platon der Geistesgeschichte aufgebürdet wurde und fortgesetzte Begriffsverwirrungen nach sich zieht.)

Die Kunst des Erfinders und Herstellers – und wie wir später sehen werden, auch des kompetenten Benützers – eines Meßgerätes besteht darin, dieses auf die Zwecke des Messens geeignet einzurichten bzw. seine Funktion aufrechtzuerhalten. Was aber sind die Zwecke des Messens?

Man denke an elementare lebensweltliche Beispiele: Da wird auf dem Markt gewogen, manche Güter nach Länge, Fläche oder Volumen gemessen usw. Dabei geht es *mindestens* um die Feststellung von *Maßgleichheit*, also z.B. von Gewichtsgleichheit einer Tüte Kirschen mit einem (geeichten) Metallgewicht. Man lasse sich nicht dadurch irritieren, daß wir einerseits heute bereits im Alltag hochtechnisierte Meßverfahren wie z.B. elektronische Waagen in Kaufhäusern haben, die gleich das Wägeresultat einschließlich des Preises ausdrucken, so daß nicht mehr gesehen werden kann, womit das gewogene Gut maßgleich sein soll; und man lasse sich nicht davon irritieren, daß wir im 20. Jahrhundert immer schon mindestens national geeichte Maßgrößen wie Kilopond, Zentimeter, Sekunde usw.

kennen und anwenden. Man stelle sich vielmehr die Aufgabe eines Robinson Crusoe vor, auf seiner Insel erneut eine Meßkunst zu etablieren. Dort wird in einem ersten Schritt z. B. für Gewichte oder Längen *durch ein Verfahren festgelegt*, was „gleich schwer" oder „gleich lang", was „schwerer als" und „länger als" (und in Umkehrung „leichter als" und „kürzer als") bedeuten. Man sagt dafür auch, es werde eine „operationale Definition" gegeben. Damit kann ein gewitzter Konstrukteur noch *ohne Definition* einer Maß*einheit* Messungen ermöglichen.

So haben z. B. schon die antiken Geometer das Verfahren der „Wechselwegnahme" zur Bestimmung des Längenverhältnisses zweier Strecken erfunden: Man ziehe von der größeren Strecke die kleinere (z.B. durch Anlegen zweier Stäbe aneinander) so oft wie möglich ab, und den dann verbleibenden Rest von der kürzeren (wieder: so oft wie möglich), und dann den Rest davon wieder vom vorhergehenden Rest usw.. So erhält man, mit jeder technisch möglichen Genauigkeit, das Längenverhältnis der beiden Ausgangsstrecken, ohne daß dieses in irgendeiner Maßeinheit bestimmt werden müßte. Auch die erste experimentalphysikalische Zeitmessung durch Galilei – er ließ während der vermessenen Fallvorgänge aus einem flachen Gefäß Wasser auslaufen und verglich dann die ausgelaufenen Wassermengen mit der Waage – kommen ohne eine Zeiteinheit aus. Diese Beispiele sind damit auch unabhängig von der technischen Reproduzierbarkeit von Maßeinheiten wie Meter und Sekunde, und von dem Problem, wie sich z.B. Meßgeräte oder Einheitenstandards (wie das Pariser Urmeter) bei Transport verhalten, d.h. ob sie dabei unverändert bleiben (vgl. unten).

Wir können also als vorläufiges *Ziel des Messens die Feststellung von Maßverhältnissen* angeben, wobei die jeweilige „Größe" oder „Qualität" (wissenschaftstheoretisch auch „Parameter"), um die bzw. den es geht, allein durch ein Verfahren definiert ist. Verwendet man eine Waage, geht es ums Gewicht, verwendet man gerade Stäbe oder gespannte Schnüre, geht es um die Länge. Es „gibt" also nicht in der Welt Gewichte, Längen, Dauern usw. sozusagen von Natur aus, sondern diese

„Gegenstände“ kommen durch die Meßhandlungen von Menschen in die Welt.

Für praktische Zwecke eines technisch einfachen täglichen Lebens würde eine solche Meßkunst genügen. *Wissenschaftlichkeit* war aber im ersten Teil dieses Buches so definiert worden, daß die *Zweckmäßigkeit der Meßverfahren selbst in Diskursen begründet werden können muß.* Wie ist also das spezielle Ziel „Wissenschaftlichkeit“ in den messenden Wissenschaften anzugeben und zu erreichen?

Zunächst wieder ein Beispiel: Meßergebnisse sollen unserem allgemeinen Vorverständnis nach in den Wissenschaften nicht davon abhängen, welche Person mit welchen Meßgeräten in welchen Situationen mißt, also z.B. das Längenverhältnis zweier Stäbe oder das Gewichtsverhältnis zweier Körper feststellt. Dies ist keine beliebige Setzung, denn wir wollen ja gerade etwas über die verglichenen Stäbe oder Körper erfahren und nicht über die messenden Personen oder die verwendeten Geräte. Das heißt, die *Meßresultate* sollen *meßgeräteinvariant* sein; diese Invarianz ist aber ersichtlich eine Eigenschaft, die der Meßgerätekonstrukteur und -hersteller künstlich herbeiführen muß, und zwar als eine Eigenschaft, die sich im *Meßgerätevergleich* zeigt. Wenn also zwei bestimmte Körper auf einer Waage das Gewichtsverhältnis von z.B. 1:3 haben, so auch auf allen anderen Waagen. Und wenn zwei Stäbe oder zwei Vorgänge das Längenverhältnis bzw. Dauerverhältnis von n:m haben, so auch bei Vermessung mit beliebigen anderen Längenmeßgeräten bzw. Uhren.

Für die wissenschaftliche Meßkunst benötigen wir deshalb *Systeme von Vorschriften*, die die Herstellung von Meßgeräten in dem Sinne leiten, daß nach denselben Vorschriften hergestellte Geräte „dieselben“ Meßresultate liefern – im erläuterten Sinne, d.h., daß sie beliebig gegeneinander vertauschbar sind, ohne an den mit ihnen gewonnenen Meßresultaten etwas zu ändern.

Wie aber sind solche Meßgeräteeigenschaften zu erreichen? Bevor diese Frage beantwortet wird, sei darauf verwiesen, daß die *geläufige Definition des Messens*, wonach eine zu messende

Größe darauf zu prüfen sei, wie oft (ggf. in gebrochenen Zahlen) sie in einer Einheitsgröße aufgehe oder diese in ihr, das Problem der Meßgeräteeigenschaften auf eine eigentümliche Weise verschoben hat. Diese Definition suggeriert nämlich, die Hauptaufgabe des Meßgeräteherstellers sei die Reproduktion der Maßeinheit. Unglücklicherweise stützt ein Teil der Geschichte der Meßkunst diese – wie wir sogleich sehen werden, falsche – Auffassung: Man hat ja schon gehört, daß in Paris ein sogenanntes Urmeter aus Platin unter besonderen Vorkehrungen in einem temperaturkonstanten, erschütterungsfreien Keller gelagert ist, das (wenigstens bis zur physikalisch aufwendigeren Definition der Längeneinheit) die Standardeinheit der Länge war, so daß alle Maßstäbe der Welt daran geeicht werden mußten. Längenmeßkunst hätte demnach mit der *Anfertigung optimaler Kopien eines Prototyps für die Maßeinheit* zu tun. Man kann aber sofort sehen, daß diese Auffassung falsch ist. Denn was könnte schon sicherstellen, daß eine z. B. am Pariser Urmeter abgenommene Kopie sich beim Transport nicht verändert? Selbstverständlich kann die Antwort nicht lauten, die Unveränderlichkeit beim Transport durch eine Längenmessung zu kontrollieren, denn die Kontrolle von Meßgeräten durch Meßgeräte setzt ja gerade die Unveränderlichkeit der kontrollierenden Geräte voraus. Dieser Versuch hätte also nur eine (tatsächlich undurchführbare) unendliche Fortsetzung der Kontrolle von Meßgeräten durch Meßgeräte zur Folge.

Die methodische Lösung dieses Problems liegt darin, daß das *Messen* zunächst überhaupt *nichts mit der Definition von Maßeinheiten* zu tun hat. Tatsächlich wird ja auch z. B. in der Technik mit dem gleichen Erfolg in Zentimetern, Inches oder Zoll gemessen. Und ob die Sekunde als der 86400ste Teil des mittleren Lichttages oder als der hunderttausendste definiert wird, ändert nichts z. B. an der Aussage, wie das Verhältnis der Dauern war, die zwei Rennläufer während eines bestimmten Rennens für eine Strecke benötigt haben.

Die Verwendung von *Maßeinheiten* dient nur dem Zweck, über Meßresultate praktischer und *einfacher kommunizieren* zu können. Weiß man also z. B. an verschiedenen Stellen der

Erde, wie man die Längeneinheit „1 Meter“ zu reproduzieren hat, so kann man ohne Übersendung von Prototypen für Maßeinheiten (wie dem Pariser Urmeter) mit dem oben geschilderten Problem Meßergebnisse derart austauschen, daß auch gleichgroße Maße ohne direkten Vergleich technisch verfügbar werden. Ungeachtet dieser (höchst sinnvollen) Verwendung von Maßeinheiten hat das Messen nur das Feststellen meßgeräteunabhängiger Größenverhältnisse, und das heißt, *einheiteninvariant* zu leisten.

Betrachten wir dazu ein geometrisches Beispiel! Aus dem Geometrieunterricht weiß man, daß z.B. Seite und Höhe im gleichseitigen Dreieck ein bestimmtes Längenverhältnis haben – und dies selbstverständlich unabhängig davon, wie „groß“ das betrachtete Dreieck „tatsächlich“ ist, was ja nur heißt, wie groß es z.B. im Verhältnis zu unserer Hand oder eben auch zu einem Zentimenter auf einem Lineal, also relativ zu einer Maßeinheit ist. Im Alltag sagen wir dafür, es gehe uns bei solchen Größenverhältnissen nur um die „Form“, so wie wir auch sagen, daß alle Kugeln, Würfel, Tetraeder usw. dieselbe Form hätten, unabhängig von ihrer Größe. Diese alltägliche Sprechweise ist weitsichtiger und klüger als die verbreitete Auffassung, das Messen hätte mit der Definition von Maßeinheiten zu tun, denn tatsächlich verlangen wir in den Wissenschaften von Messungen nur die *meßgeräteunabhängige Feststellbarkeit von Formen*. Die wissenschaftliche Meßkunst beruht deshalb auf solchen Systemen von *Vorschriften für die Herstellung und Verwendung von Meßgeräten*, die gerade dieses leisten. Diese Aufgabe ist für die bekanntesten Maßgrößen der Physik, die ja auch in anderen messenden Disziplinen wie Chemie, Biologie, Psychologie, Geographie usw. Anwendung finden, in der sogenannten *„Protophysik“* gelöst. Diese kann hier nicht ausführlich behandelt werden, soll aber in ihrer Grundidee wenigstens angedeutet sein:

Jede Meßgeräteherstellung muß mit der räumlichen Veränderung von Körpern beginnen, die „aus der Natur“ genommen sind. Daß heißt, die *räumliche* Größe (Länge) ist für das Messen methodisch primär. Im einfachsten Fall der räumlichen

Messung sollen Längenverhältnisse geräteunabhängig feststellbar sein. Dazu benötigen wir z.B. ein Herstellungsverfahren für gerade Meßstäbe mit äquidistanten (gleichabständigen) Skalenstrichen. Man sieht sofort: wer hier „gerade" dadurch definieren wollte, daß die „kürzeste" Verbindung zwischen je zwei Punkten auf dem Meßstab „gerade" heißt, verlangt Unmögliches: Er will schon messen können (nämlich um einen geeigneten „geraden" Stab auszuwählen), wo er das Messen mit dem Meßstab erst ermöglichen will. Formen durch Maße festlegen zu wollen (wie „gerade" durch „kürzeste Verbindung"), gleicht der Aufgabe, eine verschlossene Tür mit einem hinter dieser Tür liegenden Schlüssel zu öffnen: man müßte die Tür öffnen, um den Schlüssel zu haben, und den Schlüssel haben, um die Tür zu öffnen. Obgleich jeder Mensch weiß, daß dies praktisch nicht geht, verhindert dies nicht, daß (meist in unübersichtlicheren Fällen) in den Wissenschaften dennoch behauptet wird, man sei so verfahren. Die methodische Wissenschaftstheorie verwirft diese Darstellungen als zirkulär. „Zirkel" (des Definierens oder des Argumentierens) sind also verboten, weil sie falsche Behauptungen oder unbefolgbare Anweisungen zu Reihenfolgen des Handelns sind. „Gerade" (oder andere Form-Termini) müssen also anders als zirkulär definiert werden.

Irgendwann haben die Menschen angefangen, an natürlich vorgefundenen Körpern ebene Oberflächen herzustellen. Wie auch immer dies gelungen sein mag, wir nennen heute jedenfalls ein Stück Oberfläche eines Körpers genau dann *eben*, wenn wir an zwei anderen Körpern ebenfalls Oberflächenstücke finden, die auf den ersten Körper passen, und ebenso untereinander. Man nennt dies das „Dreiplatten-Kontrollverfahren"; d.h., eine Körperoberfläche heiße eben, wenn sie zwei Paßstücke hat, die auch untereinander passen. Die Ebene ist eine „Grundform", d.h. sie kann hergestellt werden, ohne vorher andere Formen an Körpern herzustellen. (Dabei ist, genauer, nicht eine Passung in einer ausgezeichneten Lage gemeint – wie sie etwa auch bei drei Wellblechen möglich wäre –, sondern in beliebiger Lage, m. a. W. Passung bei Verschiebbarkeit.)

Werden nun an *einem* Körper *zwei* ebene Oberflächenstükke derart hergestellt, daß sie aufeinander treffen, „sich schneiden", so erhält man eine *gerade Kante.* (Mit der technischen Verfügbarkeit der Ebene und der geraden Kante, die man dann auch „Lineal" nennt, hat man schon zwei der drei Grundgegenstände einer Geometrie, die behauptet, alle Figuren mit Zirkel und Lineal – man ergänze stets: auf einer Zeichenebene – konstruieren zu können.)

Wir wollen hier den weiteren Weg nicht verfolgen, wie nun auf dem Lineal die Teilungsstriche zu gewinnen sind (d.h. die Längengleichheit operational zu definieren ist), und uns statt dessen vergewissern, daß eine solche („operationale)", d.h. in Herstellungsanweisungen bestehende *Definition von Grundformen* wie der Ebene und der Gerade die *Geräteinvarianz der Meßresultate* sichert:

Schon der Laie weiß, daß alle ebenen Oberflächen aufeinander passen, womit man üblicherweise und durchaus vernünftig meint, unabhängig davon, aus welcher Herstellungsgeschichte sie stammen. Wir beherrschen offensichtlich eine Technik, in der wir Oberflächen (z.B. an Töpfen und elektrischen Herdplatten) unabhängig voneinander herstellen können und erwarten dürfen, daß beide dann aufeinander passen. Diese Eigenschaft des *Herstellungsverfahrens*, zu Produkten zu führen, deren Eigenschaften *unabhängig von individuellen* Produkten gewußt werden können, nennt man in der Protophysik *„Eindeutigkeit"* (des Herstellungsverfahrens und damit auch der Definition einer Grundform – hier des Wortes „eben"). Eindeutigkeit heißt also anschaulich, daß man technisch Eigenschaften erzwingen kann, die allein dem Herstellungsverfahren geschuldet werden. Es handelt sich dabei also um ein *Wissen über Handlungsweisen*, das *nicht durch Messung sichergestellt* ist, sondern *die Kunst des Messens ermöglicht.* Nur wo die Reproduktion von „gleichen" Ebenen und allen darauf aufbauenden räumlichen Formen bis zur Längengleichheit und zum Meßstab „prototypenfrei", d.h. ohne Bezug auf einen Standardgegenstand wie das Pariser Urmeter allein durch Handlungsvorschriften gelingt, haben wir eine wissenschaftliche Meßkunst etabliert.

Diese Einsicht hat weitreichende Folgen: Man stößt z.B. gelegentlich auf die Auffassung, es sei eine Frage der Erfahrung, wie weit sich „Qualitäten", die wir z.B. im täglichen Leben vorfinden, „quantifizieren", d.h. meßbar machen ließen. Die Länge hätte nun einmal – gleichsam von Natur aus – die Eigenschaft, sich durch rationale Zahlen darstellen zu lassen, während z.B. Qualitäten wie die menschliche Intelligenz, der Hunger einer Versuchsratte oder die Präferenzen eines Feinschmeckers nicht in gleicher Weise meßbar seien.

Die aufmerksame Leserin bzw. der aufmerksame Leser wird aber bereits selbst an diese „empiristische" (d.h. die Rolle der Erfahrung überschätzende) Auffassung die kritische Frage richten können, wie denn Behauptungen über die „Quantifizierbarkeit" oder „Meßbarkeit" von Qualitäten mit Gründen entschieden würde, da ja „quantifizieren" (also operationales Definieren einer Maßgröße durch ein Meßverfahren) oder „messen" Schemata von Handlungen oder Handlungsketten seien, deren Gelingen oder Mißlingen in der Erfüllung oder Verfehlung ihres Zwecks lägen. Mit anderen Worten, bevor begründet entschieden werden kann, ob sich eine (aus dem Alltagsleben bekannte) Eigenschaft messen bzw. meßbar machen läßt, muß angegeben werden, um welchen Zweck es dabei geht.

Für das hervorragende Beispiel der Längenmessung (wie für viele andere, vor allem physikalisch-technische Maßgrößen) liegen die Verhältnisse ersichtlich einfacher als bei psychologischen, soziologischen oder ökonomischen Gegenständen: Der Mensch hat als Handwerker die Kunst (griechisch: Technik) entwickelt, durch manuellen Eingriff in die ihn umgebende, natürliche Körperwelt räumliche Formen zu erzeugen, ja sogar eindeutig reproduzierbar zu erzeugen. Diese Technik der Beherrschung des Räumlichen hat er soweit getrieben, daß sich eigene Theorien für die Diskussion der Herstellungszwecke als nützliches Hilfsmittel erwiesen – die Geometrie als Theorie der Herstellung räumlicher Formen, die Chronometrie als Theorie der Uhrmacherkunst, die Hylometrie (von griechisch *hyle*, Stoff) als Theorie der Materiemessung mit Hilfe von

Waagen und Gewichtssätzen aus homogen dichtem Material usw.

Er ist dabei anders verfahren als z.B. bei der Quantifizierung von Temperatur (durch operationale Definition über Thermometer), indem er z.B. den Längenbegriff so festgelegt hat, daß sich Längen wie ihre Maßzahlen addieren (im einfachsten Fall: zwei gleich lange Stäbe, hintereinander gelegt, einen Stab der doppelten Länge ergeben), nicht jedoch Temperaturen (zwei Stäbe gleicher Temperatur aneinandergelegt ergeben keinen Stab der doppelten Temperatur). Es sind immer die technischen Zwecke, auf welche die Handlungsschemata der Quantifizierung oder Messung gerichtet sind, die über ihre Möglichkeit und ihre technische Realisierung entscheiden. Wer die These weiterverfolgen möchte, Meßbarkeit sei eine Angelegenheit der Erfahrung, muß sich erst darüber Klarheit verschaffen, inwieweit er nicht dabei Erfahrungen über die eigenen Handlungen verwechselt mit Erfahrungen über eine von unseren Handlungen unabhängige Gegenstandswelt – und ob er dabei nicht übersieht, daß auch die von unseren Handlungen unabhängige Gegenstandswelt – häufig „Natur" genannt – unserer Erfahrung in den Wissenschaften wieder nur durch technischen Eingriff zugänglich wird.

Die Frage der Quantifizierbarkeit von Qualitäten ist ein wichtiger Punkt, in dem die methodisch rekonstruierende Wissenschaftstheorie andere Auffassungen entwickelt als die (vorherrschende) empiristische. Die modernen Naturwissenschaften werden von empiristischen Wissenschaftstheoretikern so interpretiert, daß sie durch Messungen Erfahrungserkenntnisse z.B. über Raum und Zeit hervorgebracht hätten. Der historische Anlaß für den Durchbruch dieser Auffassung war die (Spezielle) Relativitätstheorie Albert Einsteins, weil diese (ohne Notwendigkeit) so dargestellt wurde und wird, daß sie eine empirische Revision der bis dahin empirisch unkontrollierten oder operational undefinierten Auffassungen von Raum und Zeit geleistet hätte. Dabei übersieht diese empiristische Darstellung der (Speziellen) Relativitätstheorie, daß auch der relativistische Physiker funktionierende von nichtfunktionierenden (defekten) Meßgeräten unterscheidet und unterscheiden können muß, um Meßresultate zu erhalten, d.h. er benötigt (und hat tatsächlich) vor-empirische Kriterien für Meßgeräte.

Die empiristische Auffassung übersieht jedoch, daß die messende Physik keine Meßresultate mit Geltungsanspruch hervorgebracht haben könnte, wenn sie nicht (wenigstens als tatsächlich praktizierte Kunst der Physiker) bestimmten Vorschriften und Normen gefolgt wäre, an denen die messenden Fachleute das (unverzichtbare) Funktionieren ihrer Meßgeräte kontrollieren. Jedes Aufsuchen von (dann „empirisch" genannten) Meßresultaten hat also vorschreibende („präskriptive", oder auch „normative") Voraussetzungen, die wir uns hier als Vorschriften für die Herstellung bzw. kompetente Verwendung von Meßgeräten vorzustellen haben. Als solche können sie durch Messungen nicht widerlegt werden.

Diese Behauptung wird von vielen „Empiristen" bestritten. Auf diesen philosophischen Streit kann hier nicht eingegangen werden. Er hat seinen Sitz vor allem in der Verschiedenheit des Herangehens an die Wissenschaften: Der methodisch rekonstruierende Philosoph betrachtet sie als zweckrationale Ergebnisse menschlichen Handelns, der Empirist (unter Abblendung von Zwecken handelnder Menschen) als Satzsysteme, an die Gruppen von Menschen zweckfrei glauben.

Die Einsicht, daß die Meßbarkeit von (lebensweltlich bestimmten) Qualitäten schon im Bereich der Naturwissenschaften etwas mit der Zweckmäßigkeit der Mittel (nämlich der Operationen des Messens) zu tun hat und nicht den „natürlichen" oder „naturgesetzlichen" Eigenschaften einer menschenunabhängigen Natur oder Wirklichkeit angedichtet werden darf, ist höchst folgenreich außerhalb der Naturwissenschaften. Der große (technische, erklärende und prognostische) Erfolg der Naturwissenschaften hat in anderen Fächern wie Psychologie, Soziologie, Wirtschaftswissenschaften usw. zu einer Nachahmungstendenz geführt: So trifft man nicht selten auf die Meinung, auch diese Fächer seien um so wissenschaftlicher, je mehr sie Messung und Mathematik nach naturwissenschaftlichem, vor allem nach physikalischem Vorbild in sich aufnähmen – und da diesem Bemühen offensichtlich nicht beliebig Erfolg beschieden ist, wird dann gern (wieder empiristisch) hinzugefügt, daß die Grenzen der Meßbarkeit am Gegenstandsbereich der (kulturwissenschaftlichen) Fächer läge, wo keine (manche meinen: nur wenige) Naturgesetze herrschten.

Die verständige Leserin oder der verständige Leser wird aber schon sehen, daß die Rede von den naturgesetzlichen Möglichkeiten und Grenzen der Quantifizierbarkeit oder Meßbarkeit auf nichts anderes verweisen kann als auf Erfolge oder Mißerfolge von Bemühungen, Meßbarkeiten durch menschliche Handlungen zu etablieren, und daß eine solche Etablierung dort an Grenzen stößt, wo z.B. für das Meßbar-Machen Operationen erforderlich wären, die bezüglich der Zwecke des Messens unsinnig wären. Dies mag noch einmal an einem oben bereits gegebenen Beispiel dargelegt sein:

Unsere Zwecke der Längenmessung in Technik und Wissenschaft lassen einen „additiven" Längenbegriff sinnvoll erscheinen (in der älteren philosophischen Diskussion sprach man auch von „extensiven" Größen): Die Länge zweier gleichlanger Stäbe, hintereinandergelegt, soll doppelt so groß sein wie die seiner beiden Teile. Versteht man unter Länge des Gesamtstabes den (geraden) Abstand seiner Endpunkte, so geht in diese Additivität als stillschweigende Konvention ein, die beiden Stäbe in gerader Richtung hintereinander zu legen. Würde man sie per Konvention im Winkel von 60 Grad hintereinanderlegen, so erhielte man eine Addition der Form 1 + 1 = 1. Umgekehrt ergibt das Zusammenlegen zweier Stäbe der Temperatur T keinen Stab der Temperatur 2T – es sei denn, man führt die (bezüglich der Zwecke der Temperaturmessung unsinnige) Konvention ein, beim Zusammenlegen die Stäbe zugleich so zu erhitzen, daß sie die Temperatur 2T haben. Wenn also deshalb Temperatur eine „nicht-additive" (älter: „intensive") Größe genannt wird, hängt dies nicht an einem Naturgegenstand Temperatur, sondern am Fehlen technisch sinnvoller Zwecke für eine Additionsoperation mit gleichzeitiger Erwärmung.

6. Das Experiment in den Wissenschaften

Die neuzeitliche Wissenschaft, die in der Klassischen Physik des 17. Jahrhunderts mit den Fallversuchen von Galilei einen ihrer Anfänge nimmt, unterscheidet sich von der antiken Wissenschaft vor allem durch das Experimentieren und seine Anerkennung als Prüfungsinstanz für Behauptungen. In ihm treffen sich gewissermaßen das akademische Argumentieren und Theoretisieren einerseits und die Tradition von Handwerk und Ingenieurskunst andererseits. Zunächst war es nur die Physik, die sich dieser speziellen Form der Erfahrungsgewinnung bediente, bis dann die Ausweitung des Experimentierens auf andere Bereiche eine wesentliche Rolle auch für die Entstehung von Wissenschaften wie z.B. der Chemie oder der (experimentellen) Psychologie spielen sollte.

Gelegentlich findet man in ungenauen Sprachgebräuchen eine Rede von Experimenten auch dort vor, wo lediglich Beobachtungen angestellt, Personen befragt oder Erfahrungen gesammelt werden. Zwar leitet sich das *Wort Experiment* vom lateinischen Wort für Erfahrung ab, sollte aber zur Unterscheidung von anderen Typen wissenschaftlicher Erfahrungsgewinnung auf solche Fälle *beschränkt* bleiben, in denen ein Experimentator einen Vorgang oder Ablauf an *einer Apparatur (künstlich) in Gang setzt.* Damit dürfen als die klassischen Experimentalwissenschaften die Physik, die Chemie, die Biologie und die (naturwissenschaftliche) Psychologie gelten – mit Spezialformen vor allem in den Technikwissenschaften wie z.B. der sogenannten Materialwissenschaft.

Heute sind Experimente in den allermeisten Fällen mit Messungen verbunden und werden angestellt, um quantitative Resultate zu erzielen. Es ist aber für den Begriff des Experiments *nicht entscheidend*, daß *Experimentalergebnisse* zugleich *Meßergebnisse* sind. (Umgekehrt ist auch nicht jedes Meßergebnis ein Experimentalergebnis. Man denke etwa an die Astronomie.) Entscheidend ist vielmehr, daß im Experiment eine besondere *Form von Erfahrung* gewonnen wird, die *für Kausal-*

erklärungen, also für die Feststellung von Ursache-Wirkungs-Verhältnissen typisch ist. Betrachten wir ein einfaches Experiment, wie es etwa im Schulunterricht für Physik vorgeführt wird, unter dem Aspekt einer methodischen Rekonstruktion: Welche Handlungen und welche Zwecke sind hierbei von Bedeutung?

Zunächst einmal muß der *Experimentator* eine *Vorrichtung*, einen Apparat *entwerfen und (zusammen-) bauen*. Dabei spielt es keine Rolle, ob diese Vorrichtung sehr einfach (wie im Falle einiger mechanischer oder chemischer Experimente) ist oder höchst kompliziert wie z.B. bei modernen Teilchenbeschleunigern oder bei vielen biologischen Experimenten. Was dagegen eine Rolle spielt, ist die *technische Beherrschung der Experimentierapparatur* in dem Sinne, daß ihre Eigenschaften technisch reproduzierbar sein müssen und das *Gelingen der Reproduktion*, also der Gleichheit der Experimentierapparatur für verschiedene Fälle, *nicht von der Durchführung des Experiments* und seiner Beobachtung abhängen darf. Man sagt dafür auch gerne, die Anfangsbedingungen müssen bekannt sein, damit durch das Experiment festgestellt werden kann, wie sich ein bestimmter Ablauf unter diesen (bekannten) Bedingungen ereignet.

Der Experimentator muß als nächstes das Experiment sozusagen für den Start vorbereiten. Bei einem Fallversuch etwa muß er eine Kugel oder ein Fallgewicht in Startposition bringen, eine Stoppuhr auf Null stellen usw. Die Vorbereitungen des Experiments betreffen also einerseits das *Konstruieren* (im Sinne von: Erfinden und Bauen) und andererseits das *Präparieren* (im Sinne von zum Start vorbereiten) des Experiments.

Als Drittes nun hat der Experimentator sein Experiment zu *starten*, indem er etwas einschaltet, auf eine Stoppuhr drückt usw. Dann läuft das Experiment ab, d.h., der Experimentator *greift nicht mehr* in den einzelnen Ablauf *ein*, *sondern beobachtet* ihn – gegebenenfalls wieder mit technischen Hilfsmitteln bis hin zu raffinierten Aufzeichnungsgeräten wie schnelllaufenden Kameras usw.

Ersichtlich dienen die Handlungen des Experimentators (Konstruieren, Präparieren, Starten) dem Zweck, einen *Ablauf* in Gang zu setzen, der selbst *keine Handlung* mehr ist, sondern sozusagen der „interessante“ Beobachtungsgegenstand im Experiment. Wir können diese Teilhandlungen auch zusammenfassend als die Handlung des Experimentierens bezeichnen und daran die Frage knüpfen, in welchem Sinne *Experimente*, nun verstanden als Ketten von Experimentierhandlungen, *gelingen und mißlingen* können. Da Gelingen und Mißlingen als Erreichen und Verfehlen des Zwecks einer Handlung definiert waren, heißt dies, zu beantworten, *welchem Zweck* das (jeweilige) Experiment dient.

Die Antwort lautet, daß in Experimenten *Abläufe*, die selbst keine Handlungen mehr sind, *technisch beherrschbar* (reproduzierbar) gemacht werden sollen. Das heißt, es soll eine bestimmte Form eines Ablaufs oder ein bestimmter Endzustand des Ablaufs dadurch technisch beherrschbar werden, daß die geeigneten apparativen Bedingungen künstlich erzwungen werden, unter denen der gewünschte Ablauf sich ereignet. In diesem Sinne ließe sich das Experiment an dem Beispiel verdeutlichen, mit Pfeil und Bogen auf ein Ziel zu schießen: Nach Konstruktion von Pfeil und Bogen erfolgt Präparation (Spannen des Bogens, Zielen) und dann das Starten (Loslassen des Pfeils), der dann in einem „Verlauf“ ins Ziel fliegt – oder nicht. Wie der Bogenschütze nach dem Loslassen des Pfeils nur noch *Beobachter* eines *Geschehnisses* ist, *an dem ihm widerfährt*, ob er richtig konstruiert, präpariert und gestartet hat (nämlich beim Treffen des Ziels), entsprechend falsch beim Verfehlen des Ziels, so beobachtet der Experimentator im Experiment einen Verlauf und dessen Endzustand. Da dieser Verlauf künstlich von ihm selbst an einer Apparatur hervorgerufen wurde, hat er ihn *apparativ „bewirkt“*. Er beobachtet mit anderen Worten *Wirkungen*, deren *Ursachen* in Konstruktion, Präparation und Start des Experiments liegen. Experimente liefern also Erfahrungen über Ursache-Wirkungs-Verhältnisse. Hierbei treten als „Ursachen“ nur die künstlich vom Experimentator erzeugten Eigenschaften bzw. Geschehnisse auf.

Wo es aber um Kausalerklärungen für natürliche Geschehnisse oder Zustände geht, wie z.B. bei einer Sonnenfinsternis, gelingt die „Kausalerklärung" *natürlicher* Ursache-Wirkungs-Verhältnisse dadurch, daß sie zuerst durch Beobachtung und Messung „beschrieben" und anschließend durch ein Experiment „simuliert" werden. (Genaueres weiter unten.)

(Daß wir übrigens das Bogenschießen tatsächlich nicht Experimentieren nennen, liegt daran, daß es dabei, z.B. für einen sportlichen Vergleich des Könnens verschiedener Bogenschützen, nicht darum geht, alle Bedingungen wie Stellung und Spannung des Bogens usw. technisch reproduzierbar zu machen und damit völlig festzulegen; sie bleiben absichtsvoll der Kunstfertigkeit des Bogenschützen überlassen.)

Experimente dienen also, zunächst als Handlungskette und ihre Folgen betrachtet, der technischen Reproduktion von Verläufen durch eine (vor dieser technischen Beherrschung der Verläufe verfügbaren) Reproduktion der Experimentierbedingungen. Wenn traditionell davon die Rede ist, daß *Experimente beliebig wiederholbar* sein müssen, so sind damit, wie wir jetzt durch die handlungstheoretische Rekonstruktion erkennen, *zwei* höchst *verschiedene Forderungen zusammengefaßt*: Zum einen müssen die *Experimentierbedingungen* durch die *Handlungen des Konstruierens, Präparierens und Startens* so genau *beschrieben und normiert* sein, daß sie – als Handlungsschemata – im Sinne der wiederholten Befolgung eines Rezepts *immer wieder gleich ausgeführt* werden können. Diese Gleichheit muß unabhängig vom Ausgang des Experiments festgestellt werden können. Zum anderen muß sich dann *immer das Gleiche ereignen*, d.h., immer derselbe Verlauf oder Endzustand eines Verlaufs einstellen. Erst dann spricht man von einer experimentell bestätigten Erfahrung, womit zugleich gesagt ist, daß Experimente keine einmaligen Handlungen oder Handlungsketten (und die folgenden einmaligen Verläufe) sind, sondern *Schemata von Handlungsketten und Verläufen*.

Es ist für das Verständnis von sogenannten „*Naturgesetzen*", die aus experimenteller Erfahrung bekannt sind, entscheidend, zu sehen, daß deren *Gesetzesartigkeit* gerade mit der Wiederholbarkeit der Experimentatorenhandlungen zusammenhängt, also gerade die *Allgemeinheit des Rezepts gegenüber der einzelnen Befolgung* ist. Dies ist eine prinzipiell andere Form der Allgemeinheit, als wenn fälschlicherweise Gleichheit für einen Bereich von im Experiment untersuchten Dingen oder Geschehnissen als Universalität angenommen wird (wenn z. B. das Fallgesetz „für alle Körper" formuliert wird, wie z.B. in der Philosophie des Kritischen Rationalismus von Karl Popper); dabei wird sozusagen die Naturgesetzlichkeit als Eigenschaft der untersuchten Dinge oder Geschehnisse angesehen, obgleich doch darüber nicht das geringste Wissen gewonnen wird, es sei denn im Sinne ihrer technischen Beherrschung durch immer gleich ausgeführte Handlungen.

Es kann hier nicht im Detail untersucht werden, daß der Experimentator noch vieles andere tun muß. Zum Beispiel wird es ihm nicht genügen, die Experimentierbedingungen einfach nur immer gleich reproduzieren zu können, sondern er wird Experimentalreihen durchführen, in denen die Bedingungen variiert werden, um einen *quantitativen Zusammenhang* von Bedingungen und Folgen, *von Ursachen und Wirkungen* festzustellen. Auf diese Weise werden dann *Experimentalgesetze* in der *Form von Wenn-dann-Aussagen* gewonnen, in denen die Wenn-Aussagen die durch die Experimentierhandlungen des Konstruierens, Präparierens und Startens erzeugten Bedingungen beschreiben, während in der Dann-Aussage der beobachtete und evtl. vermessene Verlauf bzw. sein Endzustand beschrieben wird.

Für das Verständnis des Experiments als zweckgerichtetes menschliches Handeln ist es also wichtig, zu sehen, daß dieses *mehr dem Konstruieren einer Maschine als dem Entdecken von etwas von selbst („natürlich") Vorhandenem* entspricht. Der Unterschied zwischen experimenteller Forschung und ingenieurmäßiger Entwicklung z.B. eines Motors liegt dann nur in einer graduellen Verschiedenheit der Genauigkeit und Sicherheit des Vorwissens, mit dem der Experimentator bzw. der Ingenieur an seine Aufgabe geht. Für den Experimentator steht die Überprüfung einer Hypothese im Vordergrund, die ihm allererst die Erfindung und Planung des Experiments ermöglicht – Naturwissenschaftler sagen dafür gerne, die Theorie entscheide, was das Experiment lehrt –, während für den Ingenieur die Verfügung über die konstruierte Maschine im Vordergrund steht.

Nun war an die Beherrschung von Verläufen durch ihre künstliche Erzeugung das Begriffspaar Ursache und Wirkung geknüpft worden. *Wirkungen* sind als *Handlungsfolgen*, *Ursachen* als *Handlungen und ihre Ergebnisse* bezeichnet worden. Wollen aber denn nicht die Naturwissenschaften Kausalverhältnisse gerade auch in Bereichen feststellen und damit Kausalerklärungen geben, in die der Mensch nicht eingreift? Man will doch z.B. sagen können, daß die Ursache einer Sonnenfinsternis das Dazwischentreten des Mondes zwischen Sonne und Erde ist, oder die Verdunklung auf der Erde eine Wirkung der Verdeckung der Sonne durch den Mond.

Man halte sich vor Augen, warum Kausalerklärungen dieser Art Überzeugungskraft besitzen! Woher möchte man mit Sicherheit das *Zutreffen dieser Kausalerklärung* der Sonnenfinsternis wissen? Tatsächlich gab und gibt es Kulturen, in denen diese nicht bekannt oder nicht anerkannt ist und damit die Verfinsterung der Sonne durch den Mond z.B. als erschreckendes Ereignis, als Katastrophe oder als böses Zeichen genommen wird. Die Antwort lautet, daß der naturwissenschaftlich aufgeklärte Mensch die *Kausalerklärung* der Sonnenfinsternis *akzeptiert, weil* er dafür ein einfaches, *in seinen eigenen Handlungen vollkommen beherrschbares Modell* hat: Man nehme in einem dunklen Raum eine Lichtquelle wie eine Kerze oder eine Taschenlampe (als Modell der Sonne) und beleuchte damit einen Ball (als Modell der Erde), um dann den Schatten eines weiteren Balls (als Modell des Mondes) auf den ersten Ball fallen zu lassen. Dieses einfache Beispiel zeigt, daß wir Kausalverhältnisse im Bereich des Natürlichen, also des nicht vom Menschen Erzeugten, genau dadurch erkennen, daß wir technisch beherrschbare Modelle herstellen. In aufwendigeren Fällen, z.B. dem historisch wichtigen der Kausalerklärung der Ellipsenbahnen von Planeten durch die Gravitation der Sonne nach dem Newtonschen Gravitations- und dem Galileischen Fallgesetz, wird die „Übersetzung" der natürlich vorhandenen Dinge und Verläufe in die technisch erzeugten Modelldinge und Verläufe selbst zur Aufgabe einer quantitativen, durch Messung unterstützten (astronomischen) Beobachtung. Das heißt, ob ein Apparat und seine Funktionen tatsächlich ein *Modell* natürlicher Verhältnisse sind, wofür gesagt wird, etwas Natürliches *„simulieren"*, kann selbst zur Frage aufwendiger wissenschaftlicher Beobachtungen, Messungen und sogar Experimenten werden.

Abschließend sei darauf hingewiesen, daß sich die Experimentalwissenschaften Physik und Chemie ähnlich sind, was die Durchführung von Experimenten angeht, während Experimente in der *Psychologie* ein besonderes Problem aufwerfen: Man stelle sich etwa Wahrnehmungsexperimente an Menschen vor. Dann ist es durchaus üblich, daß der Experimentator oder Versuchsleiter die Versuchsperson „instruiert", also auffordert, auf bestimmte Wahrnehmungsangebote z.B. mit Knopfdruck zu reagieren, oder gesehene Gegenstände durch Drehen eines Knopfes gleich groß zu halten usw. Das heißt aber, der Psychologe *experimentiert* gerade *mit den Handlungen der Versuchsperson*, obgleich in der vorangehenden Analyse des Experiments besonders betont wurde, daß der Experimentator einen Verlauf in Gang setzt, der keine Handlung ist. In der Tat gelingt auch das psychologische Experiment nur, wenn dabei Handlungen untersucht werden, die nicht zugleich die Handlungen des Experimentators selbst sind. Es werden vielmehr die Handlungen der Versuchsperson wie Verläufe betrachtet. Diese Andeutungen sollen darauf hinweisen, daß die Experimentalpsychologie eine eigene, über die Klärung des Experimentierens in Physik und Chemie hinausgehende Wissenschaftstheorie des Experiments benötigt.

Die Analyse des Experimentierens in den Wissenschaften hat zugleich ergeben, daß die historisch mit dem Namen *„Naturwissenschaften"* belegten Disziplinen, die auf experimenteller Erfahrung beruhen, treffender *„Technikwissenschaften"* heißen müßten. Nur Technik, also das handwerkliche und ingenieurmäßige Können der Experimentatoren bringt die Natur in den Naturwissenschaften zum Sprechen. Und nur wo ein solches technisches Bewirkungswissen zur Verfügung steht, kann dann über Nichttechnisches, d.h. Natürliches im Sinne des vom Menschen nicht Erzeugten gesprochen werden, wie einerseits z.B. in der *Astronomie*, andererseits z.B. in der Naturgeschichtsschreibung wie den *biologischen Evolutionstheorien* oder den *physikalischen Entstehungstheorien des Universums*. Das heißt, ein Wissen darüber, wie das Universum oder die Vielfalt des Lebendigen tatsächlich entstanden ist, ist immer abhängig vom aktuellen Erfahrungswissen. Mit diesem rekonstruieren wir die Naturgeschichte hypothetisch – und haben prinzipiell keine Gelegenheit, diese Hypothesen im selben Sinne zu überprüfen wie aktuell beobachtbare Verläufe. Wir können nur durch Aufsuchen oder Erzeugen von Spuren der Vergangenheit im Lichte gegenwärtigen Experimentalwissens solche Naturgeschichten immer breiter absichern, immer wahrscheinlicher machen, dabei aber niemals ausschließen, daß eine revolutionäre Veränderung aktuellen Experimentalwissens die gesamte Naturgeschichtsschreibung einer Korrektur unterwirft.

Die experimentierenden Wissenschaften sind zum Leitbild eines Typs von Erfahrung geworden, die den höchsten *Grad von Verläßlichkeit* garantiert. Es darf aber nicht übersehen werden, daß diese Verläßlichkeit *nur* im Feld *technischer Reproduzierbarkeit* erreicht wird; wo es dagegen z.B. um (kultur-) *geschichtliche* Prozesse oder auch um volkswirtschaftliche Entscheidungen geht, kann in einem einfachen Sinne diese Reproduzierbarkeit nicht vorausgesetzt oder hergestellt werden: Ein Mensch etwa, der Erinnerung hat und seine Erlebnisse bedenken kann, kann im strikten Sinne nie zweimal in dieselbe Situation gebracht werden.

7. Prinzipien der Naturwissenschaften

Halten wir inne in der Besprechung von Bereichen des Handelns in den Wissenschaften wie des logischen Argumentierens, des Rechnens, Messens und Experimentierens (und, auf die allgemeine Wissenschaftstheorie zurückblickend, auch des Redens und der Bildung von Fachsprachen, sogenannter Terminologien), so mag dem Leser oder der Leserin deutlich werden, daß – nach den Einwänden gegen geläufige Systematisierungsversuche der Wissenschaften zu Beginn des zweiten Teils – hier keine Systematisierung mehr vorgenommen wurde. Fächerbezeichnungen wie „Physik" oder „Psychologie" kamen im selben Sinne vor wie in der Alltagssprache oder in Vorlesungsverzeichnissen von Universitäten. Dabei war zu bemerken (und darf auch als unkontrovers gelten), daß bestimmte Methoden oder Methodentypen sich nicht zur Abgrenzung von wissenschaftlichen Disziplinen eignen, weil sie in mehr oder wenig vielen der traditionellen Universitätsdisziplinen vorkommen.

Über diesen Stand der Diskussion wollen wir nun einen Schritt hinausgehen, weil – wie schon gelegentlich angesprochen – *Methoden* in einem bestimmten, weiter zu erläuternden Sinne *auch „gegenstandskonstitutiv"* sind, d.h. Gegenständen oder Gegenstandsbereiche erzeugen und abgrenzen, die (tatsächlich und zu Recht) einzelnen traditionellen Disziplinen zugerechnet werden. Wenn also z.B. im Abschnitt über das Messen behauptet worden ist, daß die Methoden der Längenmessung (und die Normen der Längenmeßgeräte-Herstellung und -Verwendung) den wissenschaftlichen Gegenstand „Länge" als Produkt menschlicher, sprachlicher wie sprachfreier Handlungen in die Welt bringen, so ist eine (normative) Theorie der Längenmessung zugleich die Grundlagentheorie aller längenmessender Wissenschaften, die ohne diese (in den Wissenschaften nunmehr theoretisch getragene) Praxis einen Teil ihrer Gegenstände nicht hätte.

Es ist deshalb zu klären, inwieweit ein Nachzeichnen des Weges, wie Wissenschaften zu ihren Gegenständen kommen, ein probates Mittel einerseits zur *gegenseitigen Abgrenzung und Darstellung von Abhängigkeiten von Wissenschaften untereinander und andererseits ein Zugang zu fächerspezifischen Geltungs- oder Wahrheitstypen wissenschaftlicher Aussagen* bietet. Wir wollen dabei so vorgehen, daß wir wieder bei einer Kritik der vorherrschenden Auffassung über den Zusammenhang von Wissenschaften ansetzen: Dabei wird es zunächst um den großen Bereich der Naturwissenschaften gehen (für die bereits begründet wurde, daß sie wegen ihrer Methoden und ihrer Angewiesenheit auf eine durch diese Methoden getragene Technik auch „Technikwissenschaften" heißen könnten und begrifflich genauer heißen sollten).

Es ist eine unter verschiedenen Interessen gegenwärtig gern diskutierte Frage, wie z.B. die Disziplinen Physik, Chemie, Biologie, Medizin und Psychologie zueinander stehen. Betrachten wir deshalb, bevor wir zu einer methodischen Rekonstruktion des Weges kommen, die Gegenstandsbereiche dieser Disziplinen zu bestimmen, wie hier üblicherweise argumentiert wird.

7.1. Das Baukastenprinzip

Man behauptet z.B., daß die *Physik* für die *kleinsten Bausteine der Materie* zuständig sei, also z.B. für Elektronen, Protonen, Neutronen, Neutrinos und viele andere mehr, sowie für Subelementarteilchen, von denen der Laie gewöhnlich nur noch weiß, daß die Physik sehr große und sehr teure Maschinen benötigt, um diese Teilchen darzustellen und zu untersuchen. Es ist aber die Physik, die mit ihren Methoden ins Innere der einst für unteilbar gehaltenen „Atome" (das griechische Wort für unteilbar) eindringt. Auch weiß der Laie heute für gewöhnlich, daß die sogenannte „Atomphysik", deren Theorie die „Quantentheorie" ist, Phänomene wie Lichtaussendung und Lichtabsorption, sowie andere (physikalische) Eigenschaften von Materialien beschreibt, erklärt und technisch beherrschbar macht.

Treten Atome zu Molekülen zusammen, kommt die *Chemie* ins Spiel. Der Chemiker als der Wissenschaftler derjenigen

Materieeigenschaften und -umwandlungen, die nicht physikalisch geschehen, hat es nach dieser Betrachtungsweise sozusagen mit der nächst größeren Einheit, den *Molekülen* zu tun. Auch der chemische Laie weiß für gewöhnlich, daß einfache Moleküle wie z.B. das Wasser aus zwei Wasserstoffatomen und einem Sauerstoffatom besteht und deshalb H_2O genannt wird. Man hört dann von sehr großen Molekülen, z.B. denen verschiedener Kunststoffe, aber auch von den der „organischen" Chemie, die bekanntlich so heißt, weil ihre Moleküle zunächst an lebenden Gegenständen, an Zellen, oder an Materie gefunden wurden, die für die Funktion von Organismen von Bedeutung sind. Besonders große und wichtige Moleküle begegnen mit ihren Namen wie z.B. Aminosäuren, Eiweiße und die viel zitierten DNS-Moleküle (Desoxyribonukleinsäure) in vielen populären Darstellungen und markieren gleichsam den biochemischen Übergang zur nächsten Fachwissenschaft, die es mit den *Bausteinen des Lebendigen* zu tun hat, die *Biologie*. Aus diesen Bausteinen setzen sich Zellen, und aus diesen wieder Lebewesen zusammen.

Biologen sind zuständig auch für die Entstehungsgeschichte und die *Klassifikation*, also die Darstellung der *Ordnung des Lebendigen* (und folgen darin u.a. der traditionellen Einteilung von Botanik und Zoologie, haben es also u.a. mit dem Reich der Pflanzen und der Tiere zu tun). Tiere zeigen *Verhalten*, das von (der Zunft der Biologen zugerechneten) *Ethologen* (Verhaltensforscher), aber auch bereits von *Psychologen* untersucht wird, die – jedenfalls in bestimmten psychologischen Ausrichtungen – im Verhaltensexperiment von Tieren den sozusagen einfacheren Fall oder die naturwissenschaftliche Grundlage auch menschlichen Verhaltens sehen. Auch Verhaltensstörungen und ihre Therapie fallen noch unter diesen im Stufenaufbau von den Elementarteilchen über die Atome und Moleküle zu den Zellen und Tieren bis schließlich zum Menschen gesehenen Tätigkeitsbereich der Naturwissenschaften.

Die *(Human-)Medizin* ist dann gleichsam die integrierende Wissenschaft, die für Prophylaxe (Vorsorge) und Therapie (Heilung) ein Wissen über und gegen (Gesundheits-)Störungen entwickelt und anwendet, bei dem sie sich auf alle bisher genannten Disziplinen stützt.

Dieses Verständnis der Naturwissenschaften verfährt gleichsam nach dem *Baukastenprinzip* und faßt das gesamte *Reich der Natur* (im Sinne des vor Technik und Kultur Vorfindlichen) unter dem Aspekt des Bestehens aus Materie auf. Sie heißt deshalb *„materialistisch"*, oder, weil für rund drei Jahrhunderte die Mechanik als die Wissenschaft von der Materie angesehen wurde, auch *„mechanistisch"*. Es hat sich eine breite, alle die genannten Fächer, aber auch die Philosophie einbeziehende Diskussion entwickelt, inwiefern z.B. die in diesem Stufenaufbau unteren Wissenschaften die Fragen der jeweils höheren zu beantworten erlauben: Können z.B. mit *physikalischen* Methoden tatsächlich alle von der *Chemie* beherrschten Materieeigenschaften erklärt werden? Kann mit *chemischen* Methoden das Charakteristische *belebter* von unbelebter Materie unterschieden werden? Können die *Stoffwechselprozesse*, die von Biologen und Physiologen untersucht werden, höhere Funktionen wie z.B. *tierisches Verhalten* erklären, für das eine Wahrnehmung der Umwelt in Anspruch genommen wird? Ist schließlich *tierisches Verhalten* eine Erklärungsbasis für *„höhere" Leistungen* des Menschen wie Sprache, Technik oder wissenschaftliche Erkenntnis? (Diese Debatten treten auch gerne in der umgekehrten Form auf, die unter der Bezeichnung „Reduktionismus" erörtern, ob sich z.B. Medizin auf Biologie, die Biologie auf Chemie, die Chemie auf Physik oder – in einem ganz großen Sprung – der Geist auf das (naturwissenschaftlich beschriebene) Körperliche reduzieren lasse.)

Wird das Baukastenprinzip so verstanden, daß in der Reihenfolge Physik, Chemie, Biologie, Psychologie bzw. Medizin die jeweils von der späteren Disziplin untersuchten Sachverhalte aus denen der jeweils früheren sich erklären lassen müssen, *weil* ja alle Materie aus Atomen, alle Zellen aus Materie, alle Organismen aus Zellen usw. *bestehen* (oder, ganz grob argumentiert, weil alle Natur und Kultur letztlich aus Materie besteht, für die die Physik als Wissenschaft zuständig sei), so zeigt sich daran ein folgenschwerer Denkfehler. Dieser läßt sich am deutlichsten durch Sprachkritik und durch die Einsicht aufhellen, daß alle Wissenschaft durch (sprachfreies wie sprachliches Handeln) von Menschen zustande kommt:

„Bestehen aus" in Wendungen wie „Moleküle bestehen aus Atomen" oder „Organismen bestehen aus Zellen" und damit die Baukastenmetapher („Eine Kuckucks-Uhr besteht aus Gehäuse, Zahnrädern, Achsen, ...") stützt sich auf den Bereich des menschlichen Handwerks, bei dem *Geräte* aus *Komponenten* zusammengesetzt werden. Das heißt, ein Uhrmacher muß erst die Einzelteile herstellen, um diese dann zu einer Uhr zusammenzusetzen. Ersichtlich geht er so vor, weil er den *Zweck* von Uhren kennt und verfolgt, und weil er einen *Plan von der Funktion* des komplexen Geräts, also der Uhr, hat und realisieren möchte. Dazu ersinnt er Komponenten derart, daß deren kausales Zusammenwirken (die durch ein Pendel gehemmte Fallbewegung des Uhrengewichts wird über Zahnräder auf die Uhrenzeiger übertragen) die „komplexe" Funktion der Uhr ergibt.

Hier ist bereits auf eine irreführende Laxheit unserer Alltagssprache zu verweisen: Wird, wie üblich, statt von „Komponenten" (von lateinisch *componere*, zusammensetzen) von „Teilen" gesprochen, so wird dabei verschleiert, daß *„Teile"* – sprachgenau – *Ergebnisse von Handlungen des Teilens* sind, also z.B. die Teile eines zerschnittenen Apfels oder eines tranchierten Brathuhns. Aber man weiß selbstverständlich, daß weder solche Teile Komponenten sind (weil man aus ihnen nach Zerteilen nicht wieder den heilen Apfel oder das Brathuhn zusammensetzen kann), noch, daß die Komponenten nach dem Baukastenprinzip Teile sind (also der Uhrmacher seine Zahnräder durch Zerteilen von Uhren herstellt).

Wählt man ein (im direkten Wortsinne) weniger mechanisches Beispiel als die Uhr und bedenkt, welche Komponenten etwa ein Koch für das Backen eines Kuchen verarbeitet, so wird auch an diesem lebensweltlichen Beispiel der Unterschied von Komponente und Teil deutlich. Das Komponieren des Kuchens aus seinen Zutaten ist nicht etwa eine Umkehrung des Teilens, und zwar im erläuterten Sinne: Die Zutaten können nicht durch Teilen des Kuchens zurückgewonnen werden.

Damit ist an alltäglichen Beispielen gezeigt, wie die verschiedenen Praxen des Teilens und des Zusammensetzens jeweils bestimmten, aber verschiedenen Zwecken folgen, bei denen in aller Regel weder die Rückgewinnung der Komponenten durch Teilung eines komponierten Ganzen noch die Rückgewinnung des Ausgangsobjektes einer Teilung durch Komponieren der Teile ein sinnvoller Zweck oder auch nur ein erreichbarer Zweck wäre.

Ersichtlich ist also die zwischen Komponenten und Teilen nicht unterscheidende Rede *blind* gerade *gegenüber dem Entstehungs- und Zweckezusammenhang* hinsichtlich der menschlichen Handlungen einerseits des Teilens und andererseits des Erzeugens komplexer Systeme durch Zusammensetzung.

Angewandt auf die oben zitierten Formulierungen des Bestehens von Organismen aus Zellen oder von Molekülen aus Atomen sehen wir nun, daß zumindest höchste Vorsicht angebracht ist: Ersichtlich wäre es völlig unsinnig anzunehmen, die Naturwissenschaften würden den Anspruch erheben, das Baukastenprinzip im folgenden Sinne technisch zu beherrschen: Nach einer chemischen Analyse, zu wieviel Volumen- oder Gewichtsprozenten der menschliche Körper aus Wasser, Calcium, Kohlenstoff, Schwefel usw. besteht, könne die Wissenschaft aus einer entsprechenden Menge aller dieser Materialien (in möglichst reiner Form) über Moleküle und Zellen einen Menschen aufbauen – wie der Uhrmacher die Uhr. Ja, sogar das Zerteilen von natürlich gegebenen, in unserer Reihe höherstehenden Gegenständen (z.B. Organismen relativ zu Zellen, Moleküle relativ zu Atomen) ist den Naturwissenschaften technisch und theoretisch nicht möglich in dem Sinne, daß sie vollständig sein könnte, also einen Organismus in alle Zellen, aus denen er „besteht", oder eines (Groß-)Moleküls in alle Atome, die dann einzeln, wie die Komponenten der Uhr nach vollständiger Zerlegung, auf dem Tisch (oder in entsprechenden Behältnissen) lägen.

Der *elementare Fehler des Baukastenprinzips* in der geschilderten, materialistischen Form liegt also darin, durch Vernachlässigung der sprachlichen Mittel und ihres Bezugs zu den verschiedenen menschlichen Praxen des Teilens (vor allem von Naturgegebenem) und des Zusammenbauens (von komplexen Artefakten) eine scheinbare Kombination von beiden anzunehmen, wo *Teilung durch Zusammensetzung beliebig rückgängig* gemacht werden könne und es keine Rolle spiele, ob Gegenstände nur als Teile durch Teilung (wie beim Tranchieren des Brathuhns) oder als Komponenten durch Herstellung (methodisch) *vor* dem Zusammensetzen des komplexen Gebildes verfügbar sind.

Es kann also nur metaphorisch gemeint sein, wenn z.B. ein Biologe behauptet, ein Organismus bestehe aus Zellen, oder ein Molekül aus Atomen. Tatsächlich ist damit nur angedeutet, daß ein für bestimmte Erklärungszwecke sinnvolles Modell, oder eine sinnvolle Hypothese eingesetzt wird: Will man sich z.B. erklären, warum bestimmte Gase immer gleich und in ganzzahligen Volumenverhältnissen miteinander chemisch reagieren (Gesetz der konstanten und multiplen Proportionen), so erweist sich das Baukastenprinzip als die erfolgreichste Modellvorstellung, die die Chemiegeschichte überhaupt hervorgebracht hat.

7.2. Beschreibungsaspekte einzelner Naturwissenschaften

Hat man einmal eingesehen, wie unhaltbar und unsinnig die materialistische Baukastenvorstellung der Natur dagegen als *universelle realistische Annahme* ist, könnte man vermuten, niemand würde sie ernsthaft vertreten. Das ist jedoch nicht der Fall. Gegenwärtig gibt es in vielen Bereichen der Naturwissenschaften, etwa der Neurobiologie, der auf Computertechnologie und KI-Forschung beruhenden Kognitionswissenschaften, der Evolutionsbiologie und sogar auf Seiten einer diese Bemühungen in philosophischer Distanz begleitenden, sogenannten Analytischen Philosophie des Geistes, viele Anhänger des Baukastenprinzips. Als Grund kann man einen tiefsitzenden Naturalismus vermuten:

Selbstverständlich weiß jeder Mensch, daß die heutige Fächereinteilung auch in den Naturwissenschaften ein weitgehend zufälliges Produkt einer historischen Entwicklung ist. Aber man verweist auf ein einigendes Band über solche bloß kulturellen Grenzen hinweg: Alle diese Fächer sehen sich der Aufgabe verpflichtet, dieselbe Natur zu erforschen. Es ist also der eine und selbe *Forschungsgegenstand Natur*, der immer wieder als Grund herhalten muß, daß die Ergebnisse einzelner naturwissenschaftlicher Fachdisziplinen gleichsam nahtlos ineinander greifen sollen.

Doch auch dagegen lassen sich erhebliche Bedenken vorbringen: Zunächst einmal gewinnen Naturwissenschaften überhaupt keine Aussagen über „die Natur", schon gar nicht über Natur als ganze, sondern sie gewinnen nach ihren jeweiligen Methoden transsubjektive, gültige Aussagen über ihre Labor- und Freiland-Beobachtungen, Messungen und Experimente an Geräten. Die Aussagen werden aus geistesgeschichtlichen Gründen (oder aus Gedankenlosigkeit) Naturgesetze *genannt*, und die Menge aller anerkannten Naturgesetze (aus Gedankenlosigkeit oder aus Propaganda) *Abbild der Natur*.

Es ist aber schon gezeigt worden, daß die Geltung naturwissenschaftlicher, auf Messung und Experiment beruhender Aussagen auf der Beherrschung von Handlungsschemata beruht, also etwa der technischen Reproduzierbarkeit eindeutiger Formen an Meßgeräten oder von Verläufen in Experimenten. Sind diese Methoden aber ihrerseits *verschiedenen inhaltlichen Zwecken* oder Zweckbereichen unterstellt – etwa, wenn der *Chemiker Materieeigenschaften*, der *Physiker Energietransformationen* und der *Biologe Vererbungs- oder Organfunktionen* technisch und theoretisch zu beherrschen trachtet, dann ist kein Grund zu sehen, warum sich dieses Forschungsziel auf *eine* Natur beziehen sollte – auch wenn dann durchaus sinnvoll vorkommt, daß sich der Chemiker und der Biologe *auch* physikalischer Methoden (wie z. B. der Wägung oder der Temperaturmessung) bedient.

Eine letzte sprachliche und handlungstheoretische Ungenauigkeit, die die Baukastenmetapher und die Reduktionismusdebatte belastet, ist zu erwähnen: Die Redeweise „x besteht aus y“ legt, wieder wie beim Uhrenbeispiel und ihren Komponenten, nahe, daß „x aus nichts anderem besteht als aus y“. Man sagt dann in den Beispielen zu Physik und Chemie bzw. zu Chemie und Biologie auch: Ein Organismus *ist* Materie, oder der Mensch *ist* (im physikalischen Sinne) ein Körper, oder *ist* Materie. Darin liegt jedoch bei einseitiger Interpretation des Wortes „ist“ ein Irrtum. Tatsächlich ist unstrittig, daß z.B. ein Mensch *als* Organismus, *als* Zellverband, *als* Molekülverband oder *als* (physikalischer) Körper *beschrieben* werden kann. Dies geschieht durch Anwendung der jeweils fachspezifischen Methoden. Wer sich etwa selbst auf eine Waage stellt, behandelt sich durch das Verfahren der Wägung als physikalischen Körper, und wer aus einem Organ Gewebe entnimmt, um histologisch zu untersuchen, ob es sich um gut- oder bösartige Zellen einer Geschwulst handelt, betrachtet dieses Organ als Zellverband. Damit sind jedoch keine Ausschließlichkeitsthesen verbunden der Art, daß dann dieser Mensch „nichts anderes als“ ein physikalischer Körper oder das Organ „nichts anderes als“ ein Zellverband sei. Körper, Molekül- oder Zellverband zu sein ist also ein durch bestimmte Methoden gestifteter *Beschreibungsaspekt* des Menschen, der an die Zwecke dieser jeweiligen Methoden geknüpft bleibt. Wenn überhaupt eine rational nachvollziehbare Debatte um Aufbau oder Reduzierbarkeit von Gegenständen geführt wird, kann diese nur *das Verhältnis von Beschreibungsaspekten* betreffen. Es gibt also nicht das Rätsel, wie Materie es macht, den Geist hervorzubringen, sondern nur die Klärungsaufgabe, in welchem Verhältnis Zwecke und Mittel stehen, die in den unterschiedlichen Beschreibungsebenen und -methoden einzelner Fachwissenschaften regional erfolgreich eingesetzt werden.

Die vorgetragene Kritik am Baukastenmodell sollte auch deutlich gemacht haben, daß die stillschweigende Annahme eines naturwissenschaftlichen Materialismus, „Materie“ sei die Grundlage von allem, höchst problematisch ist. „Materie“ oder, von Chemikern mehr bevorzugt, „Stoff“ oder „Substanz“ sind, nicht anders als der in der Physik verwendete Ausdruck „Körper“, Fachbegriffe einzelner Spezialdisziplinen. Sie haben jeweils dort ihre Bedeutung und ihren höchst sinnvollen Gebrauch, wenn auch die Sorgfalt ihrer definitorischen Festlegung in den Theorien und Lehrbüchern der Naturwissenschaften meist äußerst gering ist. Wer also ein „Materie-Seele-Problem" oder ein „Körper-Geist-Problem" als wissenschaftliches oder philosophisches Rätsel zur Diskussion stellt, hat sich schon auf ein Scheinproblem eingelassen, sofern er nicht sieht, daß die für elementar gehaltenen Begriffe von Materie, Stoff oder Körper ihrerseits nur im Kontext bestimmter Wissenschaften einen Sinn haben – und der ist gerade nicht mit Gründen derjenige, über einen Komplexitätsbaukasten geistige oder seelische Leistungen des Menschen zu erklären. Mit anderen Worten, bei den beliebten Debatten um das Leib-Seele- oder Körper-Geist-Problem wird nicht reflektiert, was schon in die Formulierung und in das Zustandekommen des Problems an Unterscheidungen (und deren Vernachlässigung) investiert wird.

Dies heißt andererseits nicht, es ließe sich kein *Körper-Geist-Problem* ohne diese Fehler formulieren und lösen. Obgleich dies hier im Detail nicht diskutiert werden kann, sei wenigstens darauf verwiesen, daß schon außerwissenschaftlich eine Rede über menschliche Handlungen, z.B. die eines Spaziergangs, nach verschiedenen Beschreibungsaspekten eingeteilt werden kann, etwa dem physikalisch-körperlichen, welche Strecke in welcher Zeit vom Spaziergänger mit welchem (physikalischen) Energieaufwand zurückgelegt wird, und welche Erholung oder welche Freude an schöner Landschaft der Spaziergänger aus dem Spaziergang gewinnt. Mehr noch, verstaucht sich der Spaziergänger aus Unachtsamkeit den Fuß, so daß er den Spaziergang nur noch unter großen Schmerzen beenden kann, wird er relativ zum Erholungszweck des Spaziergangs seinen nunmehr gestörten Körper als ein unzureichendes Werkzeug für den Handlungszweck des Spaziergangs interpretieren. Dieses Beispiel soll zeigen, wie gewisse Einheiten wie Handlungen unterschiedlichen körperlichen und geistig-seelischen Beschreibungsaspekten unterworfen werden können, relativ zu denen dann etwa der körperliche oder materielle

Aspekt die Mittel für die geistig-seelisch beschriebenen Aspekte liefert.

Zusammenfassend läßt sich über Baukastenmetapher und Reduktionismus-Debatte sagen, daß sie generell darunter leiden, die Zweckabhängigkeiten der Handlungsbereiche zu übersehen, die die besprochenen, in ihren Beziehungen diskutierten Gegenstandsbereiche erst hervorbringen. Dies gilt sogar für die (vermeintlich) kritischste Form dieser Debatte, in der nicht mehr „ontologisch", also mit dem „Besteht-aus-Argument" im wörtlichen Sinne gestritten wird, sondern nur noch *Theorienvergleiche* stattfinden mit der Fragestellung, ob *Fachausdrücke* der jeweils „höheren" Disziplin aus denen einer niedrigeren *definiert*, oder *Aussagen* der jeweils „höheren" aus denen der niedrigeren *logisch abgeleitet*, oder doch wenigstens *Sachverhalte* der höheren aus denen der niedrigeren *kausal erklärt* werden können (dies sind immerhin drei verschiedene Typen eines theoriebezogenen Reduktionismus!). Auch in allen diesen Debatten wird der Handlungscharakter und die Zweckrationalität der Wissenschaften ignoriert, welche die Theorien (sprachlich und methodisch) regional hervorbringen. Oder, um eine eingangs schon gebrauchte Formulierung zu wiederholen, auch „Reduzieren" ist eine Handlung (bzw. eine Handlungskette), für die anzugeben ist, was ihr Zweck und welche ihre Mittel sind, und damit in welchen Fällen das Reduzieren als gelungen zu gelten hat, und in welchen nicht.

Aus dieser Diagnose einer heute ernsthaft, weithin aber ohne ernsthaften wissenschaftstheoretischen Hintergrund geführten Debatte ergibt sich die Aufgabe, weiter zu klären, in welcher Weise einzelne Fachwissenschaften zu ihren Gegenständen (bzw. Gegenstandbereichen) kommen, und welche Zweckmäßigkeiten damit erfüllt bzw. nicht berührt werden. Erst dadurch kann über Beziehungen und Abgrenzungen einzelner Fächer und ihrer Wissensbestände etwas begründet ausgemacht werden.

7.3. Das Prinzip der methodischen Ordnung

Wissenschaft als wissenschaftliches Wissen ist, wie im ersten Teil dargelegt, nur durch zweck- und zielgerichtetes menschliches Handeln vorhanden. Deshalb darf also auch behauptet werden, daß die Reduktionsprobleme des Höheren auf das Niedrigere und, in umgekehrter Vorgehensweise, des Aufbaus des Höheren aus dem Niedrigeren nach dem oben geschilderten Baukastenprinzip, *Scheinprobleme* sind, die sich allein daraus ergeben, daß man naturwissenschaftliche Resultate des Zusammenhangs beraubt, in dem allein sie Resultate sind. Deshalb soll nun in einem methodischen Gegenentwurf wenigstens in Grundzügen dargelegt werden, daß das Handeln selbst und die *im Handeln* nur bei Strafe des Mißerfolgs verletzbaren *Reihenfolgen von Handlungen eine Ordnung der Disziplinen* ergeben.

Die für diese Skizze grundlegende *Rationalitätsnorm* ist also das oben (vgl. S. 55) besprochene *Prinzip der methodischen Ordnung*, wonach über die Reihenfolge von Handlungen der Wissenschaftler bei der Forschung nichts anderes behauptend oder vorschreibend gesagt werden darf, als eingehalten werden muß, damit diese Handlungsketten zum gewünschten Erfolg führen.

Hier greifen wir auf die im ersten Teil dargelegte Einsicht zurück, daß sich alle *Wissenschaften* historisch wie systematisch *aus lebensweltlichen Praxen* entwickeln. Wir brauchen uns also zu wissenschaftstheoretischen Zwecken nicht etwa einer sogenannten Anthropologie zu bedienen, die entwicklungsgeschichtlich z.B. das Freiwerden der Hände und des Gesichtssinns durch das Aufrichten des Vierbeiners zum Zweibeiner Mensch diskutiert und von dort eine Genese der Technik vom Faustkeil bis zur automatischen Werkzeugmaschine nachzeichnet. Wir setzen vielmehr dort an, wo vor- und *außerwissenschaftlich Handwerk und Technik vorgefunden* werden. Stellt man (in analytischer Betrachtung) fest, daß es keine modernen Naturwissenschaften gäbe ohne die Formen der apparativen Erfahrung, für die also die Verwendung von

Geräten zum Beobachten, Messen und Experimentieren unverzichtbar ist, so zeigt sich als technisches Fundament der gesamten Naturwissenschaften die theoretische Absicherung universeller Reproduzierbarkeit der für den Naturwissenschaftler einschlägigen Geräteeigenschaften. Wo dagegen vor- und außerwissenschaftliches Handwerk Lebewesen wie Tiere und Pflanzen betrifft (wie die Nutzung, Haltung und Züchtung von Lebewesen etwa in der Landwirtschaft), und wo wir es mit der lebensweltlichen Grundlage der Biologie zu tun haben, scheint die universelle Reproduzierbarkeit von Geräteeigenschaften auf den ersten Blick keine Rolle zu spielen. Allerdings gilt dies nur solange, bis für Lebewesen technische Modelle gebildet werden, die in experimentellen Verfahren der Biologie wichtig werden. Darauf werden wir zurückkommen.

8. Prototheorien

8.1. Geometrie als Protophysik des Raumes

Um welche Geräte es sich auch immer handeln mag, der Mensch muß sie *aus in der Natur vorgefundenen Dingen* herstellen, und er muß dazu *zwei Sorten von Eigenschaften* natürlicher Körper verändern und beherrschen lernen, nämlich ihre *(räumliche) Form* und ihre *Materieeigenschaften*. Die wissenschaftstheoretischen Disziplinen, die eine Theorie der „ersten", d.h. am Anfang der methodischen Rekonstruktion naturwissenschaftlicher Technik stehenden Form- und Materieeigenschaften leisten, heißen deshalb *Prototheorien* (von griechisch *protos*, der erste), und genauer *„Protophysik"* und *„Protochemie"*. (Ob es unter diesen selbst noch einmal eine methodische Ordnung gibt, ist später zu klären.)

Überlassen wir es noch vorwissenschaftlichem, lebensweltlichem Wissen, welche Materialien (und damit Materieeigenschaften) der Handwerker auswählt (wie der Schreiner bei den Holzsorten), so ist der methodisch elementarste Bereich der Technik überhaupt die Beherrschung räumlicher Körpereigenschaften. Die Theorie zum lebensweltlichen Beginn naturwissenschaftlicher Technik ist deshalb die *Geometrie*. (Daß sie, historisch bedingt, zu deutsch eine „Landvermessungskunst" ist, darf nicht davon ablenken, daß auch der Geometer als Landvermesser künstlich hergestellte Meßgeräte wie geeignete Stäbe oder Seile, Visiervorrichtungen, Winkelmesser und dergleichen benötigt.)

„Geometrie" ist allerdings ein vieldeutiges Wort. Im elementaren Schulunterricht begegnet sie dem Schüler zunächst als *Planimetrie* (Geometrie der Ebene), und meist in der Form, daß Konstruktionsaufgaben mit Lineal und Zirkel zeichnerisch zu lösen sind. Die *Gegenstände dieser Geometrie* werden sozusagen im Schreibwarengeschäft gekauft, nämlich das Zeichenheft, ein Lineal oder zwei Geo-Dreiecke und ein Zirkel. Der Schüler lernt, wie man z.B. Lote, gleichseitige oder (mit Hilfe des Thales-Kreises) rechtwinklige Dreiecke, Parallelen konstruiert usw. Er lernt aber nicht, wie die Wörter „eben" (für sein Zeichenheft), „gerade" (für die Kante seines Lineals) oder „gleichlang" (für die mit dem Zirkel abgetragenen Strekken) definiert werden.

Später lernt der Schüler *„Analytische Geometrie"*, in der geometrische Probleme durch Einführung von Koordinaten (nach einem Vorschlag des Philosophen Descartes) in Rechenaufgaben übersetzt werden. Auch dabei kommt im Geometrieunterricht einfach nicht vor, daß solche *Koordinatenachsen gerade* sind und die Erzeugung der Zahlengeraden, also die Zuordnung von Zahlen zu Punkten der Koordinatenachsen, bereits die Konstruktion gleichlanger Streckenabschnitte erfordert.

Wendet sich der Geometrieschüler anspruchsvolleren Aufgaben der Geometrie zu, etwa im Rahmen eines Physikstudiums, so wird ihm nicht nur räumliche Geometrie, sondern ein ganzes Reich verschiedener Geometrien für verschiedene Zwecke begegnen. Einerseits werden *zwei verschiedene Darstellungsformen* von Geometrien benützt, nämlich neben der schon erwähnten analytischen eine „synthetische" (d.h. zusammensetzende) in axiomatischer Form: Das gesamte geometrische Wissen wird durch ein Axiomensystem erfaßt, aus dem alle geometrischen Lehrsätze durch logische Ableitung zu gewinnen sind. Damit lassen sich Typen von Geometrien, etwa die euklidische von sogenannten nicht-euklidischen dadurch unterscheiden, daß bestimmte einzelne Axiome (wie das Parallelenaxiom des Euklid) gelten oder nicht gelten. Geometrien werden aber auch durch die in ihnen geltenden oder möglichen Abbildungen charakterisiert, was hier nicht mathematisch ausgeführt, sondern nur anschaulich angedeutet werden kann: Eine Kongruenzgeometrie kennt kongruente (deckungsgleiche) Figuren. Eine Ähnlichkeitsgeometrie enthält die Abbildung von Figuren in ähnliche, d.h. nicht gleich große, aber winkelgleiche Figuren. Dabei geht der mathematische Abbildungsbegriff letztlich zurück auf das Abbilden im wörtlichen Sinne, wie man etwa kongruente Abbilder mit einem Fotokopiergerät, ähnliche Abbilder mit einem Fotokopiergerät mit Vergrößerung bzw. Verkleinerung herstellen kann. Schließlich lassen sich Abbildungen beliebig weiter komplizieren oder verallgemeinern, etwa, wenn man sich fragt, welche Schattenbilder ein lichtundurchlässiges Dreieck wirft, wenn einerseits eine punktförmige Lichtquelle, andererseits Parallellicht wie von der Sonne verwendet wird und dann das schattenwerfende Dreieck nicht mehr parallel zur Ebene liegt, auf der der Schatten beobachtet wird – und schließlich sogar, wenn etwa die schattenwerfende oder die schattenempfangende Fläche nicht mehr eben sind usw.

Diese und andere Differenzierungsmöglichkeiten, vom elementaren Schulunterricht bis zu den mathematisch anspruchsvollen Theorien mit ihren Anwendungen in der theoretischen Physik, und schließlich moderne mathematische Interpretationen solcher Theorien, wonach sich der Mathematiker nicht mehr zuständig fühlt für die definitorische Frage, was denn die Wörter Punkt, Linie, Fläche, Gerade, Ebene, rechter Winkel usw. bedeuten, zeigen die bereits in anderen Fällen erwähnte Unübersichtlichkeit, die durch *Herauslösen geometrischer Bemühungen aus den Zweckzusammenhängen ihrer handelnden Erzeugung* durch Menschen entsteht. Wir wollen deshalb fragen, wie *in methodischer Ordnung* die Gegenstände der Geometrie handelnd gewonnen werden können. (Dabei sei an die bereits früher begründete Einsicht erinnert, daß nicht räumliche Formen durch Größen, also z.B. „gerade“ durch „kürzeste Verbindung“, sondern nur umgekehrt Größen durch Formen definiert werden können, wie etwa „gleichlang“ durch die Form des Parallelogramms, bei dem jeweils die gegenüberliegenden Seiten gleichlang sind.)

Die *methodisch erste* räumliche Form, und damit eine „Grundform“, ist die *Ebene*. Das heißt, ebene Oberflächenstücke an Körpern können handwerklich hergestellt werden, ohne daß überhaupt irgendeine weitere, andere oder auch ebene Form an einem anderen Körper bereits vorhanden sein muß (wie es etwa der Fall wäre, wenn ebene Oberflächen durch Gipsabdruck an Ebenen-Prototypen erzeugt würden, oder wie es der Fall ist, wenn Lineale und Geo-Dreiecke für den Schulunterricht aus Plastik in entsprechenden Formen gegossen werden.)

Die Erzeugung und später auch die Kontrolle der Ebenheit von Oberflächenstücken geschieht, wie oben bereits erwähnt, durch ein „Dreiplattenverfahren“, wonach drei (grob vorgeebnete) Platten etwa aus Stein paarweise solange aneinander abgeschliffen werden, bis sie aufeinander passen. Wählt man dafür nur zwei Platten, so erhält man (sphärische oder) Kugelflächen.

Durch Erzeugung zweier sich schneidender, ebener Oberflächenstücke auf demselben Körper erhält man einen Keil mit einer geraden Kante, die sich als Lineal für geometrische Zeichenkonstruktionen auf einer anderen ebenen Körperoberfläche verwenden läßt.

Erzeugt man drei Keile derart, daß je zwei von ihnen, mit ihren Kanten und einer Fläche aneinandergelegt, sich zur Ebene ergänzen, so erhält man rechte Winkel bzw. rechtwinklige Keile. Schneidet man einen Keil eines beliebigen Öffnungswinkels im rechten Winkel durch, so erhält man zwei Schnittflächen, die mit ihren Kanten jeweils den gleichen Winkel einschließen. Legt man solche gleichwinkligen Keile mit ihren

Schnittflächen so zusammen, daß sie das bekannte Bild der Wechselwinkel bieten, so erhält man ein Paar paralleler Ebenen bzw. ein Paar paralleler Kanten. Wir haben damit die Mittel, Parallelogramme zu konstruieren und an ihnen zu definieren, daß die gegenüberliegenden Seiten *gleichlang* heißen. Wir haben darüber hinaus die Mittel, solche Parallelogramme zu konstruieren, deren Diagonalen aufeinander senkrecht stehen. Diese Parallelogramme, die auch Rauten heißen, weisen – *per definitionem* – gleiche Länge nicht nur bei gegenüberliegenden, sondern auch bei aufeinander treffenden Kanten auf.

Figur 1

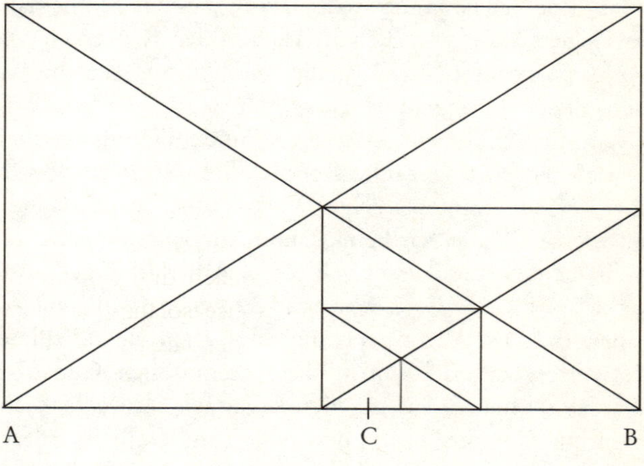

Diese in methodischer Reihenfolge aufeinanderbauenden Herstellungsschritte für räumliche Formen erlauben nicht nur eine Entscheidung, ob zwei räumlich beliebig zueinander liegende Strecken (d.h. gerade Kantenstücke) gleichlang sind, sondern auch für ein Feststellungsverfahren von *Längenverhältnissen*. Gegeben seien zwei Strecken AB und AC (vgl. Figur 1), deren Längenverhältnis zu bestimmen ist. Dann konstruiere man über AB ein Rechteck, zeichne deren Diagonalen und fälle vom Diagonalen-Schnittpunkt wieder ein Lot auf AB. Der Fußpunkt dieses Lotes halbiert (beweisbar) die Strecke AB, und erlaubt damit ein Urteil, ob AC größer oder kleiner ist als AB x 1/2. Durch Fortsetzung dieser Konstruktion läßt sich mit jeder gewünschten und technisch machbaren Genauigkeit der Punkt C in ein Teilungsintervall einschließen und damit *mit jeder gewünschten Genauigkeit* das Längenverhältnis von AC zu AB angeben.

Hier wollen wir den handlungstheoretischen oder „operativen" Aufbau der Geometrie im Sinne von Herstellungsvorschriften räumlicher Formen abbrechen und fragen, wie die *operativ definierten Wörter*, die für *handwerklich* hergestellte räumliche Formen an („realen") Körpern gelten, in eine *„mathematische"* („ideale") Terminologie überführt werden können. Populär ist ja die Rede davon, daß der Mathematiker reale Gegenstände wie Bleistiftstriche oder Kanten in seiner Theorie „idealisiere". Was heißt, methodisch geordnet und sprachkritisch durchgeführt, *„idealisieren"*?

Bekanntlich gibt es in unserer vor- und außerwissenschaftlichen Lebenswelt ungezählte Beispiele, in denen ebene Oberflächen, gerade Kanten, rechte Winkel usw. benötigt und erzeugt werden. Dabei wird ein Maurer, ein Schreiner, ein Glaser und ein Feinmechaniker verschiedene Anforderungen an Genauigkeit und Güte dieser Formen verfolgen. Allen gemeinsam ist aber, daß sie, alltagspsychologisch gesprochen, „dieselbe Idee" verfolgen: im Rahmen ihrer technischen Genauigkeit passen alle Ebenen aufeinander, ergänzen sich alle rechten Winkel zur Geraden bzw. zur Ebene usw. Deshalb läßt sich, was so ungenau mit der alltagspsychologischen Rede von „Idee" gemeint ist (und geistesgeschichtlich aus einer in die Alltagssprache abgesunkenen Form der Ideenlehre Platons stammt), handlungstheoretisch als *Herstellungszweck* fassen: Wie klein oder groß, genau oder ungenau, und in welcher Farbe, Temperatur usw. auch immer ein Handwerker Ebenenstükke herstellt, er verfolgt jedenfalls den *Zweck, eine Form zu produzieren, für die es zwei Paßstücke gibt, die auch untereinander (verschiebbar) passen.* Man braucht also nicht mehr an einen diffusen philosophischen Ideenhimmel zu denken, sondern kann von Zwecken sprechen, die von handelnden Menschen bei der technischen Produktion räumlicher Formen verfolgt werden. Diese Zwecke sind z. B. im Falle der Ebene die Herstellung einer räumlichen Form mit der Existenz zweier verschiebbar passender Paßstücke.

Nun üben wir im Alltag in vielen Bereichen eine Praxis, *über Zwecke zu diskutieren unabhängig davon, ob sie erreicht sind oder nicht*. Ja, wir bereiten sogar unser eigenes Handeln in Beratungen dadurch vor, daß wir „hypothetisch" über Zwecke diskutieren. „Hypothetisch" heißt aber nicht, daß wir empirisch zu prüfen hätten, ob diese Zwecke tatsächlich verfolgt werden, sondern betrifft den „Was-wäre-wenn"-Fall. Das heißt, man diskutiert Zwecke, „als ob" sie erfüllt wären. Wer z. B. einen geeigneten Standort für ein Zelt sucht, wird den Vorschlag, das Zelt in eine Grube zu bauen, mit der Begründung zurückweisen, daß dann bei Regen das Zelt voll Wasser läuft. Das heißt, alle Diskussionen dieses Typs gehen von Handlungszwecken aus (hier also von dem Sachverhalt, daß das Zelt in der Grube steht) und diskutieren die Folgen, die der Fall wären, wenn der bezweckte Sachverhalt tatsächlich realisiert würde.

Der Sprung von der *Handwerkersprache* über räumliche Körperformen in die *Sprache der mathematischen Geometrie* hinein läßt sich genauso interpretieren: Es ist sinnvoll, räumliche Sachverhalte hinsichtlich ihrer Folgen zu diskutieren auch für den Fall, daß sie nicht oder nicht sehr gut technisch realisiert sind. Das spezifisch Mathematische oder Idealisierende dieser Diskussion besteht dann, inhaltlich betrachtet, darin, daß über die räumlichen Sachverhalte als Herstellungszwecke diskutiert wird, „als ob" sie befolgt wären.

Diesem Verständnis entspricht als Definitionstyp ein *„Ideationsverfahren"*, das einerseits logisch gesehen harmlos ist und andererseits die gesamte Anwendungsproblematik geometrischer Sprache auf die räumliche Wirklichkeit (z. B. in der Physik) auflösen kann. Man braucht dazu nur mit dem geeigneten Handwerkervokabular die räumlichen Verhältnisse, die in der Herstellung als Zweck realisiert werden sollen, zu beschreiben, also z. B. den Sachverhalt des Aufeinanderpassens zweier Körperoberflächen definitorisch auf die Herstellung eines Abdrucks zurückführen, um damit eine operationale Definition räumlicher Formen zu gewinnen, die dann losgelöst vom technischen Herstellungszusammenhang als *Anfang einer geometrischen Theorie* genommen werden kann. Das heißt, das Ideationsverfahren besteht in nichts anderem, als sich auf den Bereich der Aussagen zu beschränken, die aus den operational definierten räumlichen Formen logisch folgen. Um den Ideationsschritt, also die Beschränkung auf den Bereich der Aussagen, die von den Beschreibungen der Herstellungszwecke logisch impliziert werden, auch terminologisch anzuzeigen, verwendet man die mathematischen Termini „Punkt" (anstelle der handwerklichen „Stelle"), „Fläche" (statt „Oberflächenstück") usw.

Der populären Vorstellung der Idealisierung – wie idealisiert man aus einem endlich langen, geraden Bleistiftstrich „die Gerade"? – wird dann dadurch aufgefangen, daß in der operationalen Definition räumlicher Formen z.B. keine Wörter für die Farbe, die Temperatur, aber auch die Begrenztheit der Oberflächen- oder Kantenstücke vorkommen. Das heißt, anschaulich gesprochen, daß die Ideation darin besteht, den eigenen Aussagenbereich zu beschränken und damit alle nicht-räumlichen bzw. alle als Realisierungsmängel anzusehenden Sachverhalte zu unterdrücken. Die Verwendung geometrischer Wörter im Sinne einer mathematischen Terminologie zeigt damit an, daß man sich in einer Als-ob-Diskussion technischer Herstellungszwecke bewegt. *Geometrische Termini* wie „eben", „gerade", „Punkt" usw. sind deshalb als *„Ideatoren"*, d.h. als aus einem Ideationsverfahren hervorgegangene Termini, zu betrachten.

Alle weiteren mathematischen Entwicklungen der Geometrie einschließlich der Analytischen Geometrie schließen an diese protophysikalisch begriffene, bei der Erzeugung räumlicher Formen im wörtlichen Sinne ansetzende Geometrie an. Die Frage, wie es kommt, daß wir mit geometrischen Mitteln Natur beschreiben können, ist damit beantwortet: *„Natur beschreiben"* heißt nichts anderes, als daß der Mensch mit seinen Geräten der Längen- und Winkelmessung, an denen er also räumliche Formen nach seinen Zwecken hergestellt hat, etwa das Land vermißt, Astronomie treibt, Experimente räumlich arrangiert und kontrolliert usw.

Damit ist im Sinne einer methodischen Wissenschaftstheorie auch der Rede über *„den Raum"* in der Physik ein Sinn gegeben und für die Frage nach dem Geltungscharakter von Aussagen über die *Struktur des Erfahrungsraumes* eine Antwort vorgezeichnet: Wenn es etwa um die Frage geht, woher man weiß, daß der Raum dreidimensional oder euklidisch oder irgendetwas anderes ist, hat man zu sehen, daß „der Raum" kein naturgegebener Gegenstand etwa wie der Mond ist. Vielmehr sind wissenschaftliche Aussagen über „den Raum" nichts anderes als Aussagen mit Hilfe „räumlicher" Wörter wie eben, gerade, gleichlang usw. Solche Aussagen werden kontrolliert durch Verwendung geeigneter Geräte im Zusammenhang mit darauf aufbauenden, geeigneten Definitionen. Daß „der Raum dreidimensional" oder „euklidisch" ist, ist dann *kein Erfahrungsurteil*, sondern ein *Wissen über unsere Handlungen*. Das heißt, daß (beweisbar) die künstlichen Formen der Ebene und des rechten Winkels an einem Körper nur so hergestellt werden können, daß sich nicht mehr als drei Ebenen paarweise rechtwinklig schneiden können, oder daß wir die Parallelität von Ebenen oder geraden Kanten durch ein entsprechendes Herstellungsverfahren aus einem rechtwinklig durchschnittenen Keil technisch herstellen und für diese Herstellung theoretisch die Eindeutigkeit beweisen können.

Die Leserin oder der Leser lasse sich nicht dadurch irritieren, daß selbstverständlich bei all diesen technischen Herstellungsverfahren einerseits sowie bei den theoretischen Diskussionen z.B. der Eindeutigkeit von Ebene, rechtem Winkel und Parallelität immer auch „Sinneserfahrungen" im Spiel sind und damit eine *gewisse Erfahrungsabhängigkeit* behauptet werden darf. Selbstverständlich wissen wir nur aus Erfahrung, daß sich Körper überhaupt räumlich verändern lassen, daß wir sie schneiden, schleifen, gießen und auf andere Weise in eine von uns gewünschte räumliche Form bringen können. Es geht aber darum, ob etwa die Dreidimensionalität oder die Euklidizität (d.h. die Geltung eines Parallelenaxioms) *aus messender Erfahrung durch die Wissenschaften entschieden* werden können. Hier muß die Antwort ausdrücklich nein heißen, weil jede messende, d.h. Meßgeräte schon verwendende Erfahrung genau das zu Entscheidende bereits in Anspruch nimmt, sonst hätten wir keine Meßgeräte zur Verfügung. Mit anderen Worten, es kann kein messendes Verfahren die These von der Dreidimensionalität aller Körper und Hohlkörper begründen, weil dazu bereits (eindeutig) räumliche Formen wie Ebenen und rechte Winkel hergestellt sein müssen, für die – vor aller Anwendung in Meßgeräten – bereits die Dreidimensionalität beweisbar gilt.

Das *Ideationsverfahren*, also die Einrichtung einer Redeweise über die Zwecke räumlicher Formgebung an Körpern, als ob diese bereits realsiert wären, dient nicht nur dem üblichen Treiben und Anwenden von Geometrie, sondern auch der philosophischen Diskussion, welchen *Typ von Geltung* geometrische Sätze beanspruchen dürfen. Sie verdankt sich nach unserer Rekonstruktion der Setzung und Rechtfertigung von Herstellungszwecken und der Angabe von Realisierungsmitteln. Wir haben es dabei also mit einem Typ von Aussagen und *Geltung* zu tun, die *weder im traditionellen Sinne empirisch* (d.h. auf messende Erfahrung beruhend) *noch analytisch* (d.h. aus den Defintionen der verwendeten Wörter logisch folgend) gilt, sondern sozusagen *vor aller messenden Erfahrung, aber synthetisch* (zusammensetzend). Wollte man diesen Vorschlag der methodischen Wissenschaftstheorie an die Diskussion der philosophischen Tradition, vor allem der Vernunftkritik Immanuel Kants anschließen, so läßt sich unser handlungstheoretisches Wissen „vom Raum" als synthetisches Apriori, d.h. als zusammensetzendes Wissen vor aller messenden Erfahrung bezeichnen.

Vielleicht wichtiger als dieser Anschluß an die philosophische Tradition ist das Verständnis, in welchem Sinne hier wiederholt von *„Eindeutigkeit"* gesprochen wurde. Es betrifft nämlich das Problem, woher es kommt, daß wir gleichsam unabhängig von der Vielfalt der Anwendungen von Geometrie auf wirkliche Körper „vorab", d.h. vor einer empirischen Prüfung (und in diesem Sinne a priori) etwas wissen können. Zugleich kann mit dieser Klärung der Eindeutigkeit auch gezeigt werden, daß die Erwartungen des Laien an räumliche Formen von Körpern berechtigt sind.

Der Umgang des Laien mit räumlichen Formen, z.B. das Aufeinanderstapeln von Bauklötzen oder Ziegelsteinen oder das dichte Packen von Paketen in Quaderform zeigt, daß der Laie das Aufeinanderpassen aller Ebenen, die Ergänzung rechter Keile zu Ebenen oder die Raumerfüllung von acht Würfelecken *erwartet*. Er tut dies auch dann, wenn die zur Passung gebrachten Objekte aus höchst verschiedenen Herstellungszusammenhängen stammen. Es spielt also keine Rolle, von welchem Hersteller z.B. eine Herdplatte und ein Kochtopf stammen, wenn sie nur beide eben sind. Dann wird vom Laien ihre Passung erwartet.

Übertragen auf die Definition geometrischer Grundbegriffe durch einen operationalen und einen Ideationsschritt heißt dies, daß die *Realisierungsverfahren eindeutig* im folgenden Sinne sein müssen: Wenn voneinander unabhängig (z.B. in verschiedenen Werkstätten oder Labors) ebene Platten, rechte Winkel oder parallele Kanten hergestellt werden, so kann man als Wissen über das Herstellungsverfahren erwarten, daß die *Produkte „gleich"* sind, also z.B. Ebenen aus verschiedenen Werkstätten aufeinander passen. Daß dies der Fall ist, wird in der Protophysik aus der operationalen Definition ihrer Grundformen logisch bewiesen. Die damit bewiesenen Eindeutigkeitssätze, die also anschaulich die Gleichheit der produzierten räumlichen Formen bei korrekter Durchführung verschiedener Herstellungsverfahren behaupten, machen die *Geometrie* als universelle Theorie *unabhängig von den Verschiedenheiten tatsächlicher Durchführungen des Herstellungsprozesses*. Sie sichern damit die technische Grundlage von Meßkunst aller räumlichen Größen und liefern der Physik und anderen Naturwissenschaften das *technische Fundament der Meßkunst* schlechthin. In diesem Sinne sind sie „gegenstandskonstitutiv" und erklären vollständig, wie es kommt, daß Mathematik mit

Erfolg auf Wirklichkeit (d.h. natürliche wie technisch bearbeitete Körper) angewandt werden kann.

Mit der *Zeit* verhält es sich, sofern die Wissenschaften betroffen sind, wie mit dem Raum: das gebräuchliche Substantiv „Zeit" erweckt den Anschein, als gäbe es da eine Substanz oder doch zumindest einen Gegenstand (Ding, Zustand, Ereignis), über den man wahre oder zutreffende Beschreibungen geben könne. Es ist aber durch nichts gerechtfertigt, anzunehmen, Zeit sei ein natürlicher Gegenstand wie die Sonne oder der Lauf der Sonne, auf den man gleichsam mit dem Finger hinzeigen oder aber über den man erfahrungsgestützte Forschungen anstellen und Beschreibungen geben könne.

8.2. Chronometrie als Protophysik der Zeit

„Zeit" ist vielmehr (wie „Raum") ein *Reflexionsterminus*, d.h. ein Wort, das auftaucht, sobald wir *über unser Reden und Handeln* reflektieren. Analog dem schon beim Raum vorgestellten Verfahren bestimmen wir einen Terminus „Zeit" dadurch, daß wir ein Adjektiv *„zeitlich"* als Einteilungs- und Sortierwort für Wörter (und damit als ein *metasprachliches* und zur Reflexion auf unser Reden benütztes) Wort vorsehen. Wo z.B. von früher und später, von länger und kürzer dauernd, von Jahren, Stunden und Sekunden, von Vergangenheit, Gegenwart und Zukunft usw. gesprochen wird, benützen wir zeitliche Wörter. „Über Zeit" zu reden, heißt dann nichts anderes, als mit zeitlichen Wörtern (und damit in zeitlichen Unterscheidungen) zu sprechen. Es kommt durch die Einführung oder Benützung des Substantivs „Zeit" keine einzige neue Frage oder Aussage hinzu über diejenigen hinaus, die durch diese Bestimmung von „zeitlich" gegeben sind.

Sucht man einen Überblick über „das Phänomen Zeit", was wir jetzt bereits als Frage interpretieren, wie wir die zeitlichen Wörter noch einmal in Gruppen einteilen können, so bieten sich *drei Aspekte* an, die wir schon als Sprecher einer Alltagssprache beherrschen, nämlich (1) ein *modaler*, (2) ein *ordinaler* und (3) ein *durativer*: Dies heißt, daß wir (zu 1) Wörter zur

Unterscheidung von Vergangenheit, Gegenwart und Zukunft, (zu 2) Wörter für die Feststellung der Reihenfolge von Ereignissen nach früher und später, und schließlich (zu 3) Wörter für die Dauer von Ereignissen haben. Jeder Sprecher der deutschen Alltagssprache kann hierfür leicht jeweils eigene Beispiele geben, wobei zu beachten ist, daß auch die Konjugationsformen von Verben, bei denen wir ja sogar verschiedene Formen der Vergangenheit, und bei sehr sorgfältigem Reden, sogar der Zukunft unterscheiden, mit in unsere zeitlichen Unterscheidungen zu rechnen sind.

Da es uns hier nicht generell um das philosophische Problem der Zeit geht, sondern nur im Kontext protowissenschaftlicher Überlegungen um die Frage, wie die Zeitbegriffe benützenden Wissenschaften zu ihren Unterscheidungen kommen, gehen wir hier nicht ausführlich auf die (vor allem in der Geschichte der Philosophie immer wieder aufgeworfenen) Fragen ein, wie die drei Aspekte miteinander zusammenhängen – z.B. in der Frage des Kirchenvaters Augustinus (354–430), wie denn Zeit gemessen werden könne (der durative Aspekt), da doch von der gemessenen Zeitspanne immer bereits Teile vergangen und andere Teile noch nicht existent, weil zukünftig seien. Solche Fragen sind hier nur von Belang, insofern in einer methodischen Wissenschaftstheorie erklärt werden muß, wie sich wissenschaftliche Unterscheidungen aus den lebensweltlichen durch spezifisch wissenschaftliche oder methodologische Zielsetzungen herausbilden.

Sofern hierfür methodische Zirkel verboten bleiben, läßt sich für einen *schrittweisen Erwerb zeitlicher Unterscheidungen* erkennen, daß schon das Hineinwachsen des Kindes in eine sprachlich organisierte Praxis zusammen mit anderen Menschen *zeitliche Strukturen durch Kommunikation über Handlungen* festlegt: Schon die einfachste Aufforderung oder das einfachste Verbot, von einem Erzieher an ein kleines Kind gerichtet, verlangt diesem ab, sein Handeln so einzurichten, daß ein noch nicht bestehender Sachverhalt hergestellt wird. Selbstverständlich ist nämlich eine Aufforderung wie „Trink Deinen Kakao!" nur sinnvoll, wenn das Kind nicht gerade beim Kakaotrinken ist. Das heißt, *Aufforderungen* zum Handeln richten sich immer *auf zukünftige Sachverhalte*. Das Einüben von Handlungen und von Sprechhandlungen über das Handeln kommt also gar nicht aus ohne die implizite Unterscheidung des gegenwärtigen Sprechens vom zukünftigen Handlungszweck. Wird dann *über Handlungsbefolgungen* oder Nichtbefolgungen *berichtet*, haben wir außerdem bereits die *Vergangenheit* im Spiel, und zwar entweder durch Verbalformen oder durch Zusätze wie „vorhin" oder „gestern" oder „als Tante zu Besuch war ..." usw. Das heißt, wir *erwerben modale Unterscheidungen* allein dadurch, daß wir uns *redend mit unseren Handlungen auseinandersetzen*. Wir nehmen dabei Bezug auf unsere jeweilige Redesituation und verwenden dafür Hinweisewörter wie jetzt, früher (gemeint ist nicht: früher als) und später (gemeint ist nicht: später als) usw. Wir machen uns damit in unseren Aufforderungen oder Behauptungen *abhängig von der unmittelbaren Redesituation* und damit vom Miterleben, wofür man dann auch sagen darf, von der miterlebten oder gegenwärtigen Zeit.

Sinnvoll ist jedoch auch, Aussagen über die *Reihenfolge von Ereignissen* unabhängig von der unmittelbaren Sprechsituation bilden zu können, etwa in der Schilderung eines Zeugen von einem Unfallhergang oder der Reihenfolge von Schritten in einer Gebrauchsanweisung. Dazu benützen wir dann Wörter wie „gleichzeitig", „früher als", „später als", und andere mehr. Das heißt, während wir zunächst durch die Verwendung von *hinweisenden* Wörtern in unseren sprachlichen Mitteln auf die unmittelbare Sprech- und Hörsituation von Gesprächspartnern bezogen waren, werden nun durch Verwendung „prädikativer" Ausdrücke Reihenfolgen von Ereignissen auch unabhängig von der Sprechsituation beschreibbar. Wörter wie „früher als" und (das dazu konverse) „später als" können *exemplarisch*, z.B. an vorgeführten Handlungen eingeführt und gelernt werden. Für solche Wörter können wir dann, was wir im tatsächlichen Erlernen einer Muttersprache nicht explizit, sondern nur durch Einübung, also implizit tun, bestimmte *Regeln* festlegen bzw. erkennen und erlernen, die aber wohlgemerkt Regeln des Sprachgebrauchs sind. Man wird z.B. für „früher als“ *Transitivität* annehmen, d.h., für drei Ereignisse A, B, C und deren Reihenfolge, wonach A früher als B und B früher als C war, daß dann auch A früher als C war.

Es wäre sinnlos, für solche Aussagen eine empirische Kontrolle zu verlangen, weil sie ja keine Behauptungen, sondern *Normierungen unseres Sprachgebrauchs* darstellen. (Daß es Probleme der Feststellung oder Verteidigung von Aussagen über die Reihenfolge von Ereignissen geben kann, wenn diese an weit entfernten Orten stattfinden, ist damit nicht bestritten.)

Schließlich können wir, nachdem wir also den modalen und den ordinalen Aspekt der Zeit schon implizit wie explizit sprachlich beherrschen, auch Vergleiche von Ereignissen nach ihrer Dauer vornehmen. Wir können etwa für zwei gleichzeitige Ereignisse (also feststellbar im Rahmen des ordinalen Aspekts) sagen, sie hätten *gleichlang* gedauert. Wollen wir aber *Verhältnisse von Dauern* durch *Verhältniszahlen* ausdrücken (z.B. der Film A dauert doppelt so lange wie der Film B), dann benötigen wir ein Verfahren zur Feststellung solcher Verhältnisse von Zeitdauern. Im Alltag tun wir dies naiv durch Verwendung von *Uhren*, so daß wir jetzt bei der prototheoretischen Frage angelangt sind, was – vor allem im Hinblick auf die Zeitmessung in den Wissenschaften – „Uhren“ sind. Diese Frage ist schwieriger zu beantworten, als auf den ersten Blick erkennbar ist. Dies hat vor allem historische Gründe:

Wie schon bei der Geometrie und der Längenmessung war es nicht eine Leistung der Wissenschaftler, eine spezielle Meßkunst zu erfinden. Die erste *wissenschaftliche Verwendung von Uhren* beginnt mit der Benützung von Fadenpendeln durch holländische Astronomen sowie durch den Vorschlag Galileis, mit einem Fadenpendel den Pulsschlag eines Kranken zu untersuchen, also etwa im 17. Jahrhundert. Die erste Zeitmessung überhaupt führt jedoch rund 3000 Jahre weiter in die Geschichte zurück. Dabei ist nicht zu übersehen, daß ja der Bedarf an Zeitmessung erst entstehen mußte, und dafür nicht schon von einer konventionellen Einteilung des Tages in

Stunden oder gar Minuten und Sekunden ausgegangen werden darf.

Die Kunst des *Kalendermachens* betrachten wir dabei nicht, denn dabei ging es nur um ein Rechnen mit naturgegebenen Einheiten wie Tagen, Mondphasen und Jahreszeiten. Die verbreitete Meinung, die *Sonnenuhr* in ihrer primitivsten Form, nämlich eines in die Erde gesteckten Stabes, markiere den Beginn menschlicher Zeitmessung, ist nicht haltbar. Man bräuchte nämlich dazu einerseits bereits eine rudimentäre astronomische Theorie über den täglichen und jährlichen Lauf der Sonne und andererseits ein entsprechendes Bedürfnis, den Sonnentag in gleiche Teile einzuteilen.

Den historischen *Beginn der Zeitmessung* markiert vielmehr die *künstliche Erzeugung immer gleicher Vorgänge*, wie sie in den heißen Mittelmeerländern beim immer gleichen Auslaufen einer „Klepshydra" (zu deutsch: Wasserdieb, Wasserheber) beobachtet wurden. Diese zur Entnahme von Trinkwasser aus Zisternen benutzten Geräte, die in der Verwendungsweise einer modernen Pipette gleichen, wurden wegen ihres immer gleichen Auslaufens als die Ereignisse gewählt, die gleiche Zeitdauern definieren. Eine frühe Verwendung in der Gerichtspraxis – zwei streitende Parteien bekamen gleiche Redezeit, kontrolliert durch Wasser-Auslaufuhren – läßt auch erkennen, wie die logischen Strukturen, die wir auch heute von unserer Zeitmessung verlangen, auf Gerechtigkeitsvorstellungen zurückgehen, z.B. die Symmetrie und die Transitivität der Gleichheit von Dauern: Wenn die Dauer für Person A so lang ist wie für Person B, z.B. beim Streit vor Gericht, so auch die für B so lang wie die von A (Symmetrie der Gleichheit); und wenn die Dauer für A so lang ist wie die für B, und die für B so lang ist wie die für C, so auch die Zeiten für A und C (Transitivität der Gleichheit). Außerdem finden wir in dieser Verwendung der Uhren bereits ein Prinzip angelegt, das dann für die Wissenschaften (im Sinne des von ihnen verfolgten Ziels der transsubjektiven Geltung ihrer Aussagen) eingelöst werden muß: Die *gemessene Dauer* ist *von der verwendeten Uhr unabhängig*, d. h. *geräteinvariant* oder geräteunabhängig.

Ein erkenntnistheoretisches Problem entsteht dort, wo – modern gesprochen – in der antiken Uhrenverwendung nach der Eichung oder nach der Ungestörtheit von Uhren gefragt wird: Wonach hat sich der *Gang von Uhren*, d. h. also die Geschwindigkeit von künstlich an Geräten erzeugten Abläufen zu richten? (Wer einfach ein Gefäß durch ein kleines Loch im Boden leerlaufen läßt, wird bemerken, daß das Wasser am Anfang schneller, später langsamer fließt. Schon die antiken Uhrenbauer hatten raffinierte Kombinationen von Gefäßen vorgesehen, damit der Wasserstand des Auslaufgefäßes immer konstante Höhe behält, die Auslaufgeschwindigkeit somit konstant bleibt und in einem zylindrischen Auffanggefäß ein konstantes Steigen des Wasserspiegels bewirkt, an dem dann die Zeit abgelesen wird.) Modern können wir aber fragen, was in diesem Zusammenhang „konstant" oder „konstante Geschwindigkeit" heißt, die wir ja wieder definieren als gleiche Wegstrecken in gleichen Zeiten – und diese gilt es ja erst einmal zu messen.

Die antiken Uhrenbauer griffen bei diesem Problem auf eine aus dem Götterglauben kommende Annahme zurück, wonach „der Umschwung des Himmels", also z.B. die Drehung des Fixsternhimmels um den Polarstern, oder auch die Bewegung aller Himmelskörper, da göttlicher Natur, ewig konstant seien. Das heißt, man hat *Wasseruhren* an der Drehung des Himmelsgewölbes, modern würden wir sagen, *an der Erdrotation geeicht*. Diese antike Vorstellung ist in der klassischen Physik der 17. Jahrhunderts, die zugleich die Erfindung der Pendeluhr unabhängig voneinander durch Galilei und durch Christian Huygens hervorgebracht hat, bestärkt worden dadurch, daß die Erdrotation im Sinne der Newtonschen Mechanik als Trägheitsbewegung konstanter (Winkel-)Geschwindigkeit galt. Die ersten mechanischen Uhren, beginnend etwa im 13. Jahrhundert, durch Pendel wesentlich verbessert im 17. Jahrhundert, waren immer noch so ungenau, daß sie kontrolliert oder geeicht werden mußten. (Mit Eichung meinen wir hier nicht bezüglich einer Maßeinheit, sondern bezüglich der Bewegungsform der konstanten Zeigerdrehung.) Dazu eignete sich nach dem Lehrgebäude der Mechanik Newtons die reibungsfreie Trägheitsbewegung der Erddrehung. Danach hätte eine Pendeluhr den Zweck, die Erdrotation so gut wie möglich durch einen künstlichen Vorgang zu imitieren, um sie auch bei Bewölkung oder leichter erkennen zu können, als dies durch astronomische Beobachtungen möglich wäre.

Die Erddrehung als Standard der Zeitmessung, aus der sich gleiche Zeiten durch gleiche Winkel ergeben (so, wie es auf dem Ziffernblatt einer Uhr der Fall ist), wurde durch ein stichhaltiges Argument von Immanuel Kant entthront. Er verwies auf die Gezeitenreibung, die durch Gravitationswirkung von Sonne und Mond auf die Wassermassen der Weltmeere entsteht und die Erde langsam abbremsen müsse. Damit war in aller Schärfe die *Frage* aufgeworfen, woran man bei einer *für wissenschaftliche Messungen geeigneten Uhr* deren *„richtigen" Gang* erkennen könne. (Die alltägliche Zeitmessung konnte mit guten Gründen weiter bei einer Eichung von Uhren an der Erddrehung bleiben und sich damit sicher sein, daß es „nur eine" gemessene Zeit gäbe, weil alle Menschen auf dieser einen, als Zeitstandard dienenden Erde wohnten.)

Die Physiklehrbücher, aber auch die logisch-empiristische Wissenschaftstheorie der Physik geben dazu nur unzureichende Antworten: Man liest dort etwa, daß *periodische Vorgänge* zur Zeitmessung geeignet wären (wie Pendelschwingungen, Schwingungen eines Quarzes oder Schwingungen eines Atoms in einem Molekül), wobei „periodisch" allerdings dadurch definiert wird, daß ein bestimmter Parameter (z. B. die Schwingweite des Pendels) nach gleichen Zeiten wieder denselben Wert einnimmt. Kurz, diese Definitionen sind *zirkulär*. Die analytisch-empiristische Wissenschaftstheorie (z. B. die Philosophen Moritz Schlick und Rudolf Carnap) haben diese Zirkularität bemerkt und deshalb vorgeschlagen, daß man prinzipiell jeden Vorgang, bei dem sich gleiche Zustände wiederholen, zur Zeitmessung wählen könne, sinnvollerweise aber solche wähle, bei denen die darauf aufbauenden Theorien einfach würden. So wird etwa gesagt, daß der Pulsschlag des Dalai Lama zwar auch in diesem Sinne ein periodischer Vorgang sei, aber für die

Physik ungeeignet, weil sich dann der Lauf der Planeten verlangsame, wenn der Dalai Lama eine Treppe besteige und sein Puls sich damit beschleunige.

Dieser Ausweg aus der Zirkularität der Zeitmeßdefinition ist ersichtlich eine unzulässige *petitio principii*, weil nämlich die größere Kompliziertheit der Naturgesetze bei Bezug auf Uhren wie den Puls eines Menschen genau dadurch diagnostiziert wird, daß man schon anerkannte Gesetze (wie die Keplerschen Gesetze der Planetenbewegung) auf die „neue" Puls-Zeit umschreibt, sie so verkompliziert und damit per Setzung die ursprünglichen Gesetze zu den einfachsten erklärt. Man hat dagegen kein Kriterium, die ursprünglichen Theorien ohne ihre nachträgliche Verkomplizierung durch die Puls-Zeitmessung als „einfachste" zu erkennen. Kurz, die analytisch-empiristische Wissenschaftstheorie kann nicht erklären, worauf die Zeitmessung und ihr Erfolg beruht.

Das Credo der *empiristischen Naturwissenschaftler* erklärt den Erfolg u.a. der Zeitmeßkunst dadurch, daß sie *in Uhren Naturgesetze* technisch realisiert sieht. Am prominentesten ist dies der Fall in der speziellen Relativitätstheorie Albert Einsteins. Allerdings muß sich diese Auffassung mit folgendem Problem konfrontiert sehen:

Naturwissenschaftler können für Zeitmessung nur „richtig funktionierende" Uhren gebrauchen, nicht jedoch gestörte. Es zählt geradezu zur Kompetenz des wissenschaftlichen Beobachters oder Experimentators, zu wissen, wann seine Meßgeräte ungestört sind, d.h., so funktionieren, wie er es durch Konstruktion der Geräte festgelegt hat bzw. aufrechterhält. Was aber ist der Fall, wenn eine Uhr gestört ist, d.h. zum Beispiel unregelmäßig läuft oder gar stehenbleibt? Selbstverständlich wird sie dann der Naturwissenschaftler nicht mehr verwenden und nicht etwa auf die absurde Behauptung verfallen, nun liefen z.B. alle Planetenbewegungen unendlich schnell, weil sie für bestimmte Wege auf seiner stehenden Uhr keine Zeit mehr beanspruchten. Zugleich würde ein solcher Naturwissenschaftler nach den *Ursachen für den Defekt* seiner Uhr suchen, diese durch „Naturgesetze" erklären und solche Erklärungen für stichhaltig ansehen, wenn durch sie eine *Reparatur* der Uhr ermöglicht würde. Mit anderen Worten, der *Defekt der Uhr* ist *in völliger Übereinstimmung mit* dem, was der Naturwissenschaftler „*Naturgesetze*" nennt. Ein Defekt eines Geräts ist immer nur das Verfehlen der menschlichen Zwecksetzungen des Konstrukteurs oder Benützers.

Damit ist stichhaltig bewiesen, daß der *Gang von Uhren* gerade *nicht naturgesetzlich definiert* werden kann, sondern durch die Zwecke der Zeitmessung bestimmt wird. Eine Prototheorie der Zeit muß also die Gegenstandskonstitution der gemessenen Zeit durch Klärung der Zwecke des Zeitmessens sowie durch Angabe ihrer technischen Realisierung leisten. Dies soll jetzt wenigstens im Umfang einer kurzen Skizze vorgeführt werden.

Gleichzeitige Bewegungen lassen sich schon *uhrenfrei* vergleichen, wie wir etwa im Alltag davon sprechen, daß ein Läufer schneller ist als ein anderer, wenn er diesen überholt. Da wir in methodischer Ordnung hier die technische und theoretische Verfügbarkeit der Geometrie schon unterstellen dürfen (die ihrerseits nicht auf Zeitmessung angewiesen ist), können wir sogar Beispiele eines *uhrenfreien Bewegungsvergleichs* nennen, der *quantitativ* ist, also auf Verhältniszahlen hinausläuft. Man denke etwa an zwei ineinandergreifende Zahnräder, deren Umfänge sich wie 1:2 verhalten, woraus wir schließen, daß sich das kleinere genau doppelt so schnell dreht wie das größere – unabhängig davon, wie schnell sie sich „absolut", d.h. hier relativ zu unserem Zeitgefühl drehen. Ein anderes, historisch wichtiges Beispiel ist das Wellrad, das aus zwei fest miteinander verbundenen, auf derselben Achse laufenden Seilrollen besteht und etwa für Kräne als technisch primitives Mittel für die Übersetzung oder Untersetzung benützt wurde. Verhalten sich die Durchmesser der beiden Seilrollen wie n:m und laufen über sie zwei Seile, ohne zu rutschen, so haben diese Seile die Relativgeschwindigkeit m:n.

Die *Geometrie* erlaubt uns auch, von *geraden Bahnen*, von Abläufen längs geometrischer Strecken oder von Stellungen eines Körpers an einer Stelle zu sprechen. Mit diesem Vokabular einer *uhrenfreien Bewegungslehre* läßt sich jetzt diskutieren, wie Uhren für den Vergleich von Bewegungen oder Vorgängen zu bauen sind, die nicht gleichzeitig ablaufen. Anschaulich gesprochen benötigt man ein Gerät, das einerseits leistet, was jeder Mensch vermag, der zwei Ereignisse auf ihre Dauer hin vergleicht (z.B. das Rezitieren eines Gedichtes), die nicht zur selben Zeit stattfinden; andererseits soll die Uhr diesen Vergleich gerade unabhängig machen von den stimmungsbedingten Schwankungen unseres Urteils über die Dauer von Ereignissen. Das heißt, wir benötigen einen *technisch reproduzierbaren*, im selben Sinne wie in der Geometrie *eindeutig definierten Standard einer Bewegungsform*, die sich zur Zeitmessung im Sinne des Transports von Bewegungsabschnitten durch die Zeit selbst eignet. (Die Leserin oder der Leser mache sich klar, daß diese Zweckbestimmung nur im Sinne alltäglicher Rede über stimmungsmäßige Beurteilung der Dauern von Ereignissen einen Sinn hat, solange noch nicht definiert ist, was Uhren sind.)

Im Unterschied zu den mechanisch fest gekoppelten Bewegungen wie bei Zahnrädern oder dem Wellrad beurteilen wir auch uhrenfrei *gleichzeitig ablaufende Bewegungen* und Vorgänge, bei denen es gerade darauf ankommt, daß sie *völlig unabhängig voneinander* sind. Wer etwa mit einer Schrotflinte eine „Tontaube“ (runde Tonscheibe) im Flug abschießen möchte, muß vorhalten und Richtung wie Geschwindigkeit von Tontaube und Schrot so abschätzen, daß sie beide nach der gleichen Zeit am selben Ort ankommen. Es lassen sich viele alltägliche Beispiele nennen, von der gleichzeitigen Zubereitung verschiedener Gerichte (die Linsen benötigen eine längere Kochzeit als die Kartoffeln) bis zu Bewegungsspielen, Busfahrplänen usw., für die völlig *ohne gegenseitige ursächliche Beeinflussung* die relative Gleichheit von (Momentan-)Geschwindigkeiten gilt. Da es um Uhrenbau geht, beschränken wir uns hier auf *technisch produzierbare Abläufe an Geräten.* Stellen wir uns die Aufgabe vor, ein Künstler wolle einen mechanischen Androiden, z.B. eine Tanzpuppe bauen, die im Rhythmus einer vorhandenen Spieluhr tanzt, ohne daß beide in irgendeiner mechanischen Verbindung zueinander wären. Gelingt dies, so daß immer bei gleichzeitigem Starten von Tanzpuppe und Spieluhr die *relativen Ganggeschwindigkeiten zueinander passen*, so haben wir eine Forderung erfüllt, die wir tatsächlich von allen unseren Uhren erwarten: wir verlangen nämlich, um z.B. nach der Uhr eine Verabredung treffen zu können, daß *Uhren zueinander gleich laufen*.

Von unseren Uhren verlangen wir aber noch mehr, wobei hier nicht an die alltägliche Zeitmessung mit ihren konventionell festgelegten Einheiten und Nullpunkten (etwa Stunde und Mittag) zu denken ist, sondern an „wissenschaftliche" Uhren, etwa an Stoppuhren für Laboruntersuchungen. Der Kerngedanke, daß *gleiche Dauern zu verschiedenen Zeiten* feststellbar sein sollen, definiert das weitere Ziel, daß es nicht auf den (erlebten) Zeitpunkt des Beobachters ankommen darf, zu dem die Stoppuhr gestartet wird, bezüglich der Frage, wie schnell sie dann läuft. Das heißt, wir verlangen tatsächlich von unseren Stoppuhren, daß sie zueinander auch dann ein konstantes Gangverhältnis zeigen, wenn wir eine früher starten als die andere, so daß die zweite hinter der ersten „in einem zeitlich konstanten Abstand" hinterherläuft. (Beobachten können wir dabei selbstverständlich immer nur die jeweils gleichzeitigen momentanen Geschwindigkeitsverhältnisse mit Hilfe geometrischer Mittel.)

Nicht zur Begründung, sondern nur zur Veranschaulichung möge man diese Forderungen mit dem Beispiel der Ebene vergleichen: Dort führt ebenfalls die Forderung einer Passung und der Verschiebbarkeit dazu, daß die Oberfläche glatt (und bei untereinanderpassenden Paßstücken sogar eben) wird. Hier, im eindimensionalen Fall, genügt die Forderung nach Verschiebbarkeit bei Passung, d.h. bei jeweils gleichen momentanen Geschwindigkeitsverhältnissen, um eine Bewegungsform zu erzeugen, die wir auch außerwissenschaftlich „gleichförmig" oder von „konstanter Geschwindigkeit" nennen.

Damit ist die Frage, welche Standardbewegung sich zur Zeitmessung in den Wissenschaften eigne, der Sache nach beantwortet: Unter der methodisch zulässigen, weil zirkelfrei möglichen Verwendung von Geometrie und einer auf Geometrie aufbauenden Lehre zum uhrenfreien Vergleich gleichzeitiger Bewegungen werden zwei technisch realisierbare Forderungen aufgestellt:

(1) Voneinander unabhängig laufende Geräte sollen bei gleichzeitigem Starten zueinander konstantes Gangverhältnis aufweisen.

(2) Dies sollen sie auch dann zeigen, wenn sie nicht gleichzeitig gestartet werden.

Erfüllt ein Paar von Geräten diese beiden Forderungen, so nennen wir jedes von ihnen eine *Uhr*.

In der protophysikalischen Fachliteratur läßt sich der dazu gültige Eindeutigkeitssatz und ein Beweis dafür nachlesen. Anschaulich besagt dieser Eindeutigkeitssatz (in Analogie zur Eindeutigkeit räumlicher Formen in der Geometrie), daß je zwei beliebige Uhren zueinander konstantes Gangverhältnis aufweisen, und dies auch bei relativer Verschiebung der Startpositionen gegeneinander. Die Rede ist dabei immer von Uhren, deren Gang uhrenfrei verglichen werden kann, also von Uhren, die benachbart sind und zueinander ruhen. Das durch die spezielle Relativitätstheorie aufgeworfene Problem des Uhrentransports kann hier nicht diskutiert werden, wenn auch die protophysikalische Uhrendefinition eine unverzichtbare Klärung von Bedingungen bereitstellt, das Problem des ungestörten Uhrengangs bei Transport allererst explizit zu formulieren. (Um Mißverständnisse aus der Sicht der modernen Physik zu vermeiden, ist also darauf verwiesen, daß der Vergleich gleichzeitiger Bewegungen mit geometrischen Mitteln am selben Ort, d.h. bei unmittelbarer Nachbarschaft zweier Uhren ohne deren Relativbewegung erfolgt. Relativistische Effekte sind hier nicht zu berücksichtigen.)

Auf einen möglichen Einwand – in der Literatur gibt es dazu eine umfangreiche Auseinandersetzung – soll hier kurz eingegangen werden: Das (aus zwei Teilen bestehende) Postulat nach dem konstanten Gangverhältnis unabhängig von Startpositionsverschiebung betrifft Geräte bzw. ihre Abläufe, die zueinander bei Wiederholung gleiche Abläufe zeigen. Könnte es deshalb nicht sein, daß es „in der Natur" mehrere (mindestens aber zwei) verschiedene Klassen von Vorgängen gibt, die jeweils innerhalb derselben Klasse zueinander konstant, zwischen den verschiedenen Klassen aber nicht konstant sind? Hätten wir dann nicht verschiedene Sorten von Zeitmessungen und ein Auswahlproblem, wie es oben schon anhand des Definitionsdilemmas der periodischen Bewegung erwähnt wurde? Diese Frage ist mit nein zu beantworten.

Abgesehen davon, daß es hier nicht um Vorgänge „in der Natur" geht, sondern ausschließlich um künstliche, nach menschlichen Zwecken erzeugte Vorgänge an Geräten, wird bei diesem Einwand der normative Charakter der Gegenstandskonstitution in Prototheorien übersehen. Sollten tatsächlich verschiedene Typen von Geräten (für welchen Zweck sie immer gebaut sein mögen) in verschiedene Klassen derart zerfallen, daß zwischen den Klassen unregelmäßige Gangschwankungen auftreten, so ist *allein der Zweck und die Suche nach Mitteln einer eindeutigen Zeitmessung* Grund genug, solche Geräte entweder geeignet auszuwählen oder geeignet in Konstruktion und Verwendung zu verändern, daß wieder nur eine einzige Klasse von zueinander gleich laufenden Geräten entsteht.

Bei diesem Argument wird also nicht darauf Bezug genommen, daß die Menschheit historisch tatsächlich immer nur eine einzige Klasse von Bewegungen zur Zeitmessung herangezogen hat, weil sie – selbstverständlich – den Zweck einer eindeutigen Zeitmessung verfolgt hat. Und es wird auch nicht darauf Bezug genommen, daß es keinen Unmöglichkeitsbeweis für die Realisierbarkeit der eindeutigen Zeitmessung gibt. Vielmehr haben wir es hier mit einem weiteren Bereich einer menschlichen Kulturleistung zu tun, in dem gerichtet auf einen bestimmten Zweck, hier den einer transsubjektiv verfügbaren Zeitmessung, technische Mittel für die Realisierung des Zwecks gesucht und der Zweck beibehalten wird. Für jede These, eine eindeutige Zeitmessung ließe sich nicht tatsächlich technisch realisieren, ist zu fragen, ob diese auskommt ohne die Unterstellung, eine andere Zeitmessung sei bereits verfügbar – etwa, wenn solche Einwände aus physikalischen Theorien abgeleitet werden, die ihrerseits ihre Geltung nur einer gelingenden Zeitmessung verdanken – und auf welchen eventuell alternativen Zweck diese Zeitmessung ausgerichtet ist. Denn selbstverständlich müssen bei verschiedenen Zwekken auch nicht dieselben Mittel, d. h. dieselben Zeitmessungen oder Uhrendefinitionen vorgeschlagen werden.

Die Protophysik der Zeit hat allerdings das Argument auf ihrer Seite, diejenigen Zwecke (und Mittel) zum Gegenstand zu haben, die einerseits von Uhrmachern *de facto* verfolgt bzw. realisiert werden und andererseits die wissenschaftliche, tatsächlich betriebene Zeitmessung abdecken.

Die Protophysik von Raum und Zeit, wie sie jetzt in ihren Grundzügen vorgestellt wurde, leistet einerseits die Definition von Grundbegriffen für alle Wissenschaften, in denen quantitativ über räumliche und zeitliche Sachverhalte und damit auch über Bewegungen, Geschwindigkeiten, Beschleunigung usw. gesprochen wird. Sie bietet andererseits eine Normierung einer technischen Praxis, in der prinzipiell die erforderlichen Meßgeräte verfügbar gemacht werden können. Daß selbstverständlich in den technisch fortgeschrittenen Naturwissenschaften eine Fülle zusätzlichen Know-hows für spezielle Meßtechniken erforderlich ist, spielt unter wissenschaftstheoretischen Aspekten keine Rolle. Worauf es hier vielmehr ankommt, ist der Nachweis, daß jede auf Messung beruhende Wissenschaft von Bewegungen (wie z.B. die Astronomie) auf Meßgeräte angewiesen ist, die in normierten Verfahren nach explizit anzugebenden Zwecken hergestellt werden und zugleich den Grundbegriffen jeder Theorie, die sich auf die Verwendung dieser Meßgeräte stützt, ihren Sinn verleihen. Terminologisch sagt man dafür auch, die *Protophysik liefere eine Semantik* für die Lehre von Bewegungen, kurz, für die Kinematik.

8.3. Hylometrie als Protophysik der Masse

Die klassische Physik im 17. Jahrhundert ist über die bloß kinematische Naturbeschreibung dadurch hinausgegangen, daß sie *Bewegungen durch Kraftgesetze erklärt.* Dazu bedarf es einer Erweiterung der Prototheorie um geeignete Begriffe und Verfahren, um die lebensweltlichen Phänomene der Schwere und der Trägheit von Körpern sowie der Kraft (und evtl. anderer, schon vorwissenschaftlich bekannter dynamischer Phänomene wie z.B. der Durchschlagskraft eines Geschosses) meßbar zu machen. Neben die *Geometrie* als Protophysik des Raumes und die *Chronometrie* als Protophysik der Zeit ist eine *Hylometrie* (von griechisch *hyle*, Materie, Stoff) aufzubauen.

Wie schon bei der Längen- und Zeitmessung gilt auch für die Massenmessung, daß lange vor Entwicklung einer wissenschaftlichen Meßkunst für technisch-praktische Messungen eine Wägekunst entwickelt war. Schon wenigstens 2000 Jahre vor Christus gab es in Ägypten *symmetrische Balkenwaagen*, die übrigens von Anfang ihrer Verwendung an bereits auch als *Symbol der Gerechtigkeit* dienten und auf den schon bei der Zeitmessung erwähnten Zusammenhang verweisen, daß die logischen Strukturen der Maßgleichheit letztlich auf Prinzipien der Gerechtigkeit, d.h. der Gleichbehandlung von Personen, zurückführen.

Für die Zwecke messender Wissenschaften haben wir zu fragen, welche methodologischen Normen die *Ungestörtheit der Waage* bzw. die *Brauchbarkeit der dabei verwendeten Gewichtssätze* festlegen. (Das Wort „Gewichtssätze" ist alltagssprachlich gemeint und benützt keinen physikalischen Fachausdruck „Gewicht" als schwere Masse. Marktfrauen, Apotheker und Goldschmiede benützen „Gewichtssätze".) Dabei gilt es aber, von Anfang an zu berücksichtigen, daß der wägende Vergleich von Körpern und die Feststellung von Verhältniszahlen des *Gewichts* nur das Phänomen der Widerständigkeit von Körpern gegen das *Heben* („Heben" kann sowohl „in die Höhe bewegen" als auch „hochhalten" meinen) betrifft, während man ja vorwissenschaftlich weiß, daß Körper sich auch gegen horizontale Beschleunigungen widerständig erweisen, etwa wenn man in einem See ein Boot vom Ufer abstößt. Aus demselben Zusammenhang weiß man, daß das Boot, einmal in Fahrt, auch wieder mit Kraftaufwand beim Anlegen am Ufer abgebremst werden muß.

Der Blick auf die Aufgabe, dynamische Grundgrößen meßbar zu machen, wird leicht dadurch verstellt, wie *heutige Physiklehrbücher* über *träge und schwere Masse* reden. Grob gesagt, wird dabei verwiesen auf den Unterschied, daß die Schwere von Körpern (Gravitation) die gegenseitige Anziehung von Körpern ist, während die Trägheit durch die Kraft gemessen wird, einem Körper eine Beschleunigung aufzuprägen. Unterstellt man (entgegen den Ergebnissen wissenschaftstheoretischer Analyse), daß dadurch eine operationale Definition von träger und schwerer Masse geleistet ist oder geleistet werden kann, so kann im nächsten Schritt gefragt werden, ob *träge und schwere Masse gleich bzw. zueinander proportional* sind. Dazu finden sich dann in Lehrbüchern entweder die Erwähnung historischer Experimente oder der systematische Vorschlag, wie diese Proportionalität zu beobachten ist – das heißt, sie gilt als empirisch zu kontrollierender Sachverhalt.

Hier stoßen wir auf einen wissenschaftstheoretisch und erkenntnistheoretisch wichtigen Punkt: Die *technische Machbarkeit eines „Experiments"* ist *kein Beweis für die Erfahrungsabhängigkeit* des damit beherrschten Sachverhalts. Man denke etwa daran, jemand würde eine Multiplikation, z.B. 17 x 365, „empirisch" oder „experimentell" untersuchen, indem er hintereinander 17mal die Anzahl von 365 Erbsen in einen großen Sack wirft, um anschließend diese Erbsen auszuzählen. Hinreichende Sorgfalt unterstellt, wird er dabei immer wieder auf 6205 Erbsen treffen – und dennoch nicht zu Recht behaupten können, dies sei ein empirischer Satz. Denn wer die arithmetische Gleichheit und die Rechenregeln der Multiplikation begriffen hat, wird jedes andere Ergebnis nicht als interessanten Fall einer abweichenden Einzelerfahrung, sondern schlicht als einen Zählfehler bezeichnen. Das heißt, auch die Durchführung des „Experiments" macht diese Multiplikation nicht zum empirischen Sachverhalt, weil er *unter keinen Bedingungen an Erfahrung scheitern* kann. Vielmehr kontrollieren wir hier die *Ergebnisse der Erfahrung am Wissen, das wir aus Definitionen und Regeln des Rechnens gewinnen*. Übertragen auf das Problem der Proportionalität von träger und schwerer Masse heißt dies, daß man zuerst die Begriffe der Trägheit und der Schwere hinreichend klären muß, um zu entscheiden, ob die Proportionalität von träger und schwerer Masse nicht doch schon logisch aufgrund der Definitionen für diese Begriffe gilt. Dann weiß man sogar, daß im Falle eines „Experiments", in dem diese Proportionalität nicht beobachtet wird, ein Fehler stecken muß. Das heißt, auch hier kann ein vermeintlich experimentelles Ergebnis durch ein voreempirisches oder nichtempirisches Wissen kontrolliert werden, das sich aus einer operationalen, prototheoretischen Definition der entsprechenden Begriffe ergibt.

Dieser kleine Exkurs soll zeigen, welchen Zwecken sich die wissenschaftstheoretische Rekonstruktion auch solcher Teile der Wissenschaften (wie hier der klassischen Mechanik) verdankt, die unter Wissenschaftlern als *abgeschlossen* und unkontrovers gelten. Die erkenntnistheoretische Frage nämlich, ob die These von der Proportionalität von träger und schwerer Masse ein Wissen „über die Welt" oder „über die Natur" ist, oder nur ein Wissen über die technischen Verfahren der Massenmessung, kann nur durch eine methodische Rekonstruktion entschieden werden. Dieser wenden wir uns jetzt wieder zu.

Es ist selbst schon eine *begriffliche Leistung*, den Aufwand, den die Bewegung eines Körpers mit Muskelkraft erfordert, in *horizontale und vertikale Richtung* zu unterscheiden. Werfen wir nämlich einen Stein schräg nach oben, so ist es eine selbst erst zu begründende begriffliche Konstruktion, daß wir diese schräge Wurfbahn in eine horizontale und eine vertikale Komponente zerlegen und dann noch behaupten, in beiden Richtungen sei ein spezifisch anderer Widerstand des Körpers gegen das Bewegtwerden zu überwinden.

Um dem damit angedeuteten Dilemma zu entgehen, verweisen wir auf zwei *vortheoretisch gebräuchliche Geräte*, in denen eine Art der Gleichheit des Aufwandes zur Bewegung von Körpern realisiert ist: zum einen die schon erwähnte symmetrische Balkenwaage, zum anderen das Zuggeschirr, mit dem zwei Zugtiere vor einen Wagen gespannt werden. Dieses Zuggeschirr läßt sich auch umgekehrt verwenden, so daß ein Zugtier zwei Wägen oder zwei Lasten zieht. Dies entspricht gleichsam einer horizontalen Verwendung der Balkenwaage unter den Bedingungen des Reibungswiderstandes.

Läßt man das Ziel nicht aus den Augen, daß es uns um die *prototheoretische Meßbarmachung des Aufwandes* geht, *Körper zu bewegen*, und daß wir zu diesem Zweck wieder in einem ersten Schritt die operationale Definition einer Maßgleichheit suchen, so gibt es zunächst keinen Grund, dafür eine bestimmte Richtung relativ zur Erdoberfläche auszuzeichnen. Wir differenzieren ja auch bei unserer Ermüdung infolge von Muskelarbeit nicht, ob wir – z.B. als Waldarbeiter – vom Heben oder vom Ziehen und Schieben von Körpern müde geworden sind. Für die *Definition des gleichen Aufwandes* heißt dies, daß wir *in beliebiger Richtung zur Erdoberfläche und in beliebiger Bewegung*, also nicht notwendigerweise in Ruhe zur Erde (wie bei der üblichen Verwendung einer Balkenwaage) Gleichheit herstellen wollen.

Für technisches Handeln verfügbar ist zunächst einmal das Zuggeschirr als das Gerät, mit dem wir zwei Lasten bezüglich des Aufwandes, sie zu bewegen, vergleichen wollen. Da die Geometrie methodisch bereits zur Verfügung steht, ziehen wir deshalb eine *symmetrische Anordnung* vor, die aus einer Seilrolle, einem Zugseil, das an der Achse angreift, sowie einem über die Rolle laufenden Seil besteht (vgl. Figur 2).

Wir verlangen fernerhin, daß die Seile nicht dehnbar sind (was methodisch zulässig ist, da wir in der Geometrie bereits den Längenvergleich technisch und begrifflich beherrschbar gemacht haben). Dieses Gerät nennen wir *„Seilwaage“*. Mit seiner Hilfe definieren wir eine *Relation „zuggleich“*, für Paare von Körpern, die sich bei Zug an der Seilwaage nicht unterscheiden lassen. Dabei ist unterstellt, daß bei einem Vergleich dieser Körper tatsächlich Zug vorliegt, also die Seile der Seilwaage straff sind. Dazu benötigt man keine Messung, denn diese Aussage ist nicht quantitativ.

Figur 2

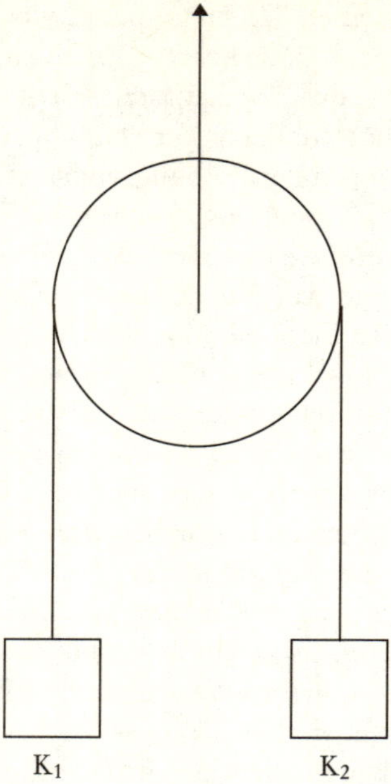

Wir verlangen, daß die Zuggleichheit eine „Äquivalenzrelation“ ist, d. h., daß sie *symmetrisch und transitiv* ist – im selben Sinne, wie dies für die Maßgleichheit von Strecken und Zeitdauern auch gefordert war. Die Frage ist freilich, wie diese Forderung technisch realisiert werden kann. Denn wir haben ja wenigstens *zwei* verschiedene *Fälle* zu unterscheiden, je nach dem technischen Aufwand, den wir in Abhängigkeit von der Richtung und Bewegung der Seilwaage zur Erde realisieren: Bei Verwendung wie eine traditionelle Balkenwaage, also *in ruhender, vertikaler Stellung zur Erdoberfläche*, hängen die beiden Körper an der Seilwaage, ohne einen weiteren Körper zu berühren. (Es sind also keine Reibungsprobleme zu beachten, wohl aber u. U. Probleme des Auftriebs, wie man seit Archimedes weiß. Man denke daran, eine Bleikugel mit einer Kugel aus extrem leichtem Material zu vergleichen, was dazu führen kann, daß die Zuggleichheit der beiden Körper sogar durch Luftdruckschwankungen gestört wird. Für solche Fälle sind, selbstverständlich ohne Vorgriff auf messendes Wissen und damit ohne zirkuläre Argumente, Störungsbeseitigungshypothesen und ihre Kontrolle anzugeben.)

Wird die Seilwaage dagegen in einer *anderen als der vertikalen Richtung und in relativer Bewegung zur Erde* benützt, haben wir ein Reibungsproblem zu bewältigen: Man denke daran, zwei Kieselsteine mit der Seilwaage horizontal über eine Tischplatte zu ziehen. Dann wird es, alltagssprachlich ausgedrückt, selbst bei Kieselsteinen, die sich an der Seilwaage in vertikaler, ruhender Stellung zur Erde als zuggleich erweisen, zur Zugungleichheit kommen, wenn der eine Kiesel glatt ist, während der andere mit scharfen Bruchkanten über den Tisch gleitet. Wir müssen also für solche Fälle *Reibungsgleichheit technisch herstellen*, etwa, indem wir die zu vergleichenden Kiesel auf baugleiche und zuggleiche Wägen legen.

Schließlich ist sogar die Verwendung der Seilwaage in rotierenden Bezugssystemen (wieder relativ zur Erde) zugelassen, denn es geht ja um den technischen Zweck, möglichst universell die Zuggleichheit von Körpern operational zu definieren.

Für die Kenner der Klassischen Physik sei eingefügt, daß der definitorische Aufwand für die Bestimmung der Zuggleichheit das Problem umgeht, dem sich jedes Lehrbuch der Klassischen Physik konfrontiert sieht: Dort gelten alle mechanischen Gesetze immer nur *„in Inertialsystemen"*, also Bezugssystemen, die dynamisch ausgezeichnet sind z. B. dadurch, daß in ihnen das Trägheitsgesetz gilt. Wenn aber das Trägheitsgesetz besagt, daß ein Körper im Zustand der Ruhe oder geradlinig gleichförmigen Bewegung verharre, wenn keine äußeren Kräfte auf ihn einwirkten, so hätte man einen Definitionszirkel durchlaufen, weil ja die Kraftdefinition selbst wieder nur in Inertialsystemen gilt – und damit hätte man einen begrifflichen Aufbau der Theorie vorgesehen, dem keine technische Realisierung entsprechen kann. Deshalb müssen prototheoretisch solche Zirkularitäten ausdrücklich vermieden werden. Dies ist bei der operativen Definition der Zuggleichheit der Fall.

Die Zuggleichheit erlaubt uns, eine *weitere Norm* zu formulieren, die den *Herstellungszweck des homogenen Materials* zum Ziel hat. Schon vorwissenschaftlich kennen wir gute Beispiele homogener Materialien, nämlich Flüssigkeiten. Wir wissen auch, daß sich verschiedene Flüssigkeiten beim Stehenlassen trennen, wie der Rahm auf der Milch, das Fett auf der Suppe oder das Öl auf dem Wasser. Und wir kennen vor aller Wissenschaft Techniken, feste homogene Materie herzustellen, indem (durch Schmelzen) feste Materie verflüssigt, durch Verrühren homogenisiert und durch Erkalten zu einem homogenen festen Körper gemacht werden. Auch andere Verfahren, über ein flüssiges oder breiiges Stadium zu homogenen festen Körpern zu kommen, wie bei Gips, sind ohne Messungen bekannt und technisch möglich.

An solchen homogenen Materialien sind wir interessiert, um *Gewichtssätze* herzustellen, die zu Maßzahlen für Körper hinsichtlich des relativen Aufwands führen, sie zu bewegen oder im Schwerefeld der Erde zu halten. Die Zuggleichheit erlaubt uns, nun eine *explizite operative Definition einer stofflichen Homogenität* zu formulieren, wie auch schon bei der Protophysik des Raumes und der Zeit homogene Formen wie die Ebene oder die gleichförmige Bewegung definiert wurden.

Ein Körper heiße homogen dicht, wenn je zwei beliebige, aber volumengleiche Teile aus ihm zuggleich sind.

Man beachte, daß hier von „Dichte“ in einem Sinn gesprochen wird, der von dem der üblichen Physiklehrbücher abweicht: Dort wird Dichte als das Verhältnis der (trägen) Masse und des Volumens definiert, während die Zuggleichheit ausdrücklich nicht zwischen Trägheit und Schwere unterscheidet.

Das *Massenverhältnis zweier Körper* (wiederum ohne Unterscheidung von träger und schwerer Masse) wird dann durch Vergleich dieser Körper mit zuggleichen Körpern aus einem homogen dichten Material gewonnen. Man stelle sich etwa vor, daß die zwei Körper, deren Masseverhältnis zu bestimmen ist, nacheinander jeweils mit Wasser aufgewogen und dann die beiden Wasservolumina verglichen werden. Damit aber Störungen der Wägungen durch Auftrieb erkannt werden, werden nicht nur „Wägungen“ (also Verwendung der Seilwaage in ruhender, vertikaler Position), sondern auch Zugvergleiche (in nichtvertikaler Richtung, relativ zur Erde bewegt) durchgeführt.

Auf die technischen und die theoretischen Einzelheiten, wie daraus die logisch-mathematischen Eigenschaften einer Masseskala gewonnen werden können, gehen wir hier nicht ein. Für den Wissenschaftstheoretiker ist jedoch von Bedeutung, die *Eindeutigkeit dieser Protophysik der Masse* zu sehen: Im Sinne der Transsubjektivität von Aussagen über Meßergebnisse verlangen wir ja, daß das Meßergebnis unabhängig von der messenden Person und von den verwendeten Geräten ist. Im Falle des Massenvergleichs erwarten wir, daß zwei Körpern eine *Verhältniszahl* zugesprochen wird, die sowohl von der Verwendung *der speziellen Vorrichtung* (Seilwaage) als auch *des verwendeten Gewichtssatzes unabhängig* ist; das heißt, es soll z.B. nicht darauf ankommen, ob der oben erwähnte Vergleich zweier Körper durch Aufwiegen mit Wasser, Quecksilber oder auch Eisengewichten stattgefunden hat.

Wie schon im Falle des Raumes und der Zeit ist auch für die Messung der Materiemenge diese Eindeutigkeit ausdrücklich zu beweisen. Diesen Beweis wollen wir hier nicht vorführen oder diskutieren, sondern nur die zu beweisende These anschaulich, vor allem in ihrer Bedeutung für die transsubjektive Nachvollziehbarkeit quantitativer dynamischer Aussagen, darlegen. Hierzu eignet sich besonders der Vergleich mit den räumlichen Verhältnissen:

Die Ebene, die Gerade und am Ende die Längengleichheit bzw. die Reproduzierbarkeit von Längenverhältnissen war zurückgeführt worden auf die *Eindeutigkeit* der operativen Definitionen der Grundformen eben, rechtwinklig und parallel. Eindeutigkeit sollte dabei etwa für den Fall der Ebene heißen, daß voneinander unabhängige Realisierungen der Ebenenherstellung beweisbar dasselbe Resultat haben, d.h., daß alle Ebenen aufeinander passen, aus welchen Herstellungszusammenhängen sie auch immer stammen. Übertragen auf den Vergleich von Körpern hinsichtlich des Aufwandes, sie zu heben oder zu bewegen, heißt dies, daß *die Herstellung homogener Materie*, aus der dann die Gewichtssätze durch Volumenmessung zu gewinnen ist, *bei unabhängigen Herstellungsverfahren dieselben Ergebnisse* aufweisen. Werden also z.B. in einer Werkstätte Gewichtssätze durch Volumenmessung aus Messing hergestellt, und in einer anderen aus Eisen, und wählt man nun zwei zuggleiche Körper aus, von denen der eine aus Messing, der andere aus Eisen ist, so sind auch ein n-faches Messinggewicht und n-faches Eisengewicht miteinander zuggleich.

Die Darstellung der Protophysik der Masse soll hier noch so weit vorangetrieben werden, bis sichtbar wird, welchen *technischen Zwecken* die Rekonstruktion der Mechanik verpflichtet ist, und wie die unter professionellen Wissenschaftstheoretikern bekannten Probleme der mechanischen Theorien (z.B. das oben erwähnte Zirkelproblem der Definition von Kraft und Inertialsystem) gelöst werden können. Zu den technischen Zwecken, Bewegungen von Körpern in Kraftgesetzen zu erklären (und damit technisch beherrschen zu können), zählt es, die *Wirkung eines Körpers beim Stoß auf einen anderen zu messen*, etwa, um die Wirkung eines Geschosses, oder den Zusammenstoß zweier Fahrzeuge beurteilen zu können. Wir müssen dazu ein geeignetes, und das heißt zumindest, *technisch reproduzierbares Bezugssystem* zirkelfrei definieren und erzeugen. Dieses wird dadurch gewonnen, daß seine Wahl, anschaulich gesprochen, Neutralität bezüglich einer messenden Beurteilung von Stoßwirkungen hat. (Auch dem technischen und physikalischen Laien wird einleuchten, daß die Wirkung eines Pfeils auf ein Ziel verschieden ist, wenn dieses sich einmal auf den Schützen zu-, einmal vom Schützen wegbewegt.) Deshalb wird ein *„mechanisches Bezugssystem“* dadurch definiert, daß es sich dabei um einen Körper handelt, für den das folgende gilt: An einem Körper, an dem drei paarweise aufeinander senkrecht stehende Richtungen (etwa durch Markierungen) festgelegt werden, führen alle (gleichschnellen, zentralen, unelastischen) Zusammenstöße zweier zuggleicher Körper zur Ruhe. „Alle Zusammenstöße“ heißt hier, daß sie *in beliebiger Richtung* und *in beliebiger Entfernung zum Bezugskörper* stattfinden dürfen. Für diese Zusammenstöße ist außerdem (durch die in Klammern genannten Bedingungen) gefordert, daß sie (1) „gleichschnell" sind, d.h. relativ zum mechanischen Bezugssystem gleichgroße, entgegengesetzte Geschwindigkeiten haben; außerdem, daß sie (2) *„zentral"* sind, d.h., wie bei zwei homogenen Kugeln, deren Mittelpunkte auf derselben Geraden gegeneinander laufen. Auf die Frage, wie man zentrale Stöße technisch realisiert, zumal bei inhomogenen Körpern, gehen wir hier nicht ein. Und schließlich, daß sie (3) unelastisch zusammenstoßen. *„Unelastisch"* heißt ein Zusammenstoß dann, wenn die beiden Körper nicht wieder voneinander abprallen wie zwei elastische Billardkugeln, sondern nach dem Zusammenstoß einen neuen Gesamtkörper bilden, wie wenn an der Stoßfläche ein Kupplungsmechanismus oder ein klebender Kitt vorhanden wäre.

Ein solches „mechanisches Bezugssystem" hat also die Eigenschaft, daß sich zuggleiche Körper in jeder Richtung und in jeder Entfernung vom Koordinatenursprung (dies kann dann als Kriterium der Rotationsfreiheit des Bezugssystems betrachtet werden) bei gleich schnellem, zentralem und unelastischem Zusammentreffen gleich wirken, d.h., *kein Körper überrennt einen zuggleichen* unter den angegebenen Bedingungen. Damit ist die oben geforderte „Neutralität" des mechanischen Bezugssystems für die Beurteilung von Wirkungen bei Zusammenstößen ausdrücklich sichergestellt. Relativ zu solchen mechanischen Bezugssystemen läßt sich dann etwa die Frage messend entscheiden, wie sich *Stoßwirkungen* in Abhängigkeit von Geschwindigkeit- oder von Masseverhältnissen zahlenmäßig verhalten.

Die schon rund 300 Jahre währende Ratlosigkeit der Klassischen Physik, ob es einen prinzipiellen Unterschied zwischen Gravitation und Trägheit gäbe, weil sich erstere nur als Wechselwirkung zweier Körper ereigne, während letztere (dem Anschein nach) eine einem einzelnen Körper inhärente Eigenschaft oder Wirkung sei, ist damit behoben. Auch die Widerständigkeit eines Körpers gegen seine Beschleunigung zeigt sich nur relativ zu geeigneten, zirkelfrei definierten mechanischen Bezugssystemen und in Wechselwirkung von Körpern, und läßt sich eindeutig nur beschreiben relativ zu solchen Bezugssystemen, die ihrerseits am Ziel der Neutralität gegenüber den zu messenden Wechselwirkungen definiert worden ist.

Damit sei unsere Skizze der Prototheorien der Klassischen Physik abgeschlossen. Der Anspruch war, die Definition der Grundbegriffe von Geometrie, Chronometrie und Hylometrie und damit der Kinematik und der Mechanik zu leisten, um in philosophischer Hinsicht darzulegen:

(1) Das methodologische *Ziel der Transsubjektivität* wissenschaftlicher Aussagen wird durch die (beweisbar) eindeutige Definition von Grundformen des Raumes, der Zeit und der Materie geleistet.

(2) Die Definitionen sind *„operativ"*, d.h., *durch Herstellungsanweisungen* entsprechender Verhältnisse an Geräten zu geben. Sie leiten damit nicht nur den fachwissenschaftlichen *Sprachgebrauch*, sondern stellen auch im sprachfreien Bereich die *technische Verfügbarkeit* von Meßgeräteeigenschaften sicher.

(3) Die Prototheorien sind *normativ*, d.h., *behaupten nichts* über die Natur oder die vorfindliche Welt, sondern *leiten* zur Herstellung der eine messende Wissenschaft ermöglichenden Geräte *an*.

(4) Weder die These von der Undefinierbarkeit von Grundbegriffen mathematisch-naturwissenschaftlicher Theorien noch die These von der Erfahrungsabhängigkeit entsprechender Wortverwendungen ist haltbar. Vielmehr ist die prototheoretische Begründung wissenschaftlicher Meßkünste für Raum, Zeit und Materie zugleich eine *explizite Semantik*.

(5) Prototheoretische Begründungen *konstruieren*, ausgehend von einer vor- und außerwissenschaftlichen Praxis der Handwerker und Techniker, *einen Gegenstandsbereich* für die messenden Naturwissenschaften.

(6) Die Frage nach Anwendbarkeit von Mathematik auf die Natur, allgemeiner, das sogenannte *„Anwendungsproblem"* logisch-mathematischer begrifflicher Mittel auf Gegenstände

der Erfahrung darf als gelöst gelten. Die tatsächlich aufweisbaren logisch-mathematischen Eigenschaften von Meßresultaten sind genau diejenigen, die bei der technischen Erzeugung und expliziten Definition der Maßgrößen als Ziele vorgegeben und mit technischen Mitteln erreicht werden.

8.4. Protochemie

Am Beginn der Darstellung der Protophysik war gesagt worden, daß die methodisch ersten Eingriffsmöglichkeiten des Menschen in die natürlich vorhandene Dingwelt einerseits die *räumliche Veränderung von Körpern*, andererseits die *Auswahl oder Veränderung von geeigneten Stoffen* für handwerkliche Verfahren beträfe. Wir wenden uns deshalb dem zweiten Bereich und damit den vorwissenschaftlichen, lebensweltlichen Grundlagen der Wissenschaft *Chemie* zu. Kann es und soll es eine *Protochemie* geben?

Zurückgreifend auf die Einsicht, daß jede Wissenschaft aus lebensweltlichen Praxen durch Verwissenschaftlichung hervorgeht, erinnern wir daran, daß es längst vor Entstehung der neuzeitlichen Naturwissenschaften (die für die Chemie im 18. Jahrhundert angenommen werden muß) Praxen gegeben hat, für die wir heute die Chemie zuständig betrachten: die Bereiche der Nahrungsmittelherstellung und -konservierung, die Herstellung von Heil- und Arzneimitteln, die Metallscheide- und Legierungskunst, die Herstellung und Verwendung von Farb- und Gerbstoffen, die Herstellung und Veränderung von Stoffen für Ton-, Keramik- und Glasgegenstände, verschiedene Arten von Mörtel und Klebstoffen usw. Von Anfang waren diese Tätigkeiten einerseits *trennende*, andererseits *vermengende Verfahren*, d.h., es wurden entweder ein natürlich vorgefundener Stoff in mehrere, vorwissenschaftlich gut unterscheidbare Stoffe zerlegt oder mehrere Stoffe zu einem neuen, einheitlichen vermengt. Auch jeder Laie kennt sowohl für das Trennen wie das Vermengen viele unterschiedliche Beispiele, die Sieben, Filtern, Ausschmelzen, Destillieren und andere (für das Trennen) und im Mörser verreiben, zusammenschütten, verschmelzen, verkochen und andere (für das Vermengen) sein können. Außerdem ist zu denken an Verfahren, Stoffe zu verändern durch Erhitzen, Kühlen, Zerkleinern usw.

Entsprechende Künste von der Kochkunst über pharmazeutische, metallurgische bis zu Farb- und Seifensiederkünsten reichende Praxen haben dabei stets die Gewinnung und Bewährungsprüfung von *Rezepten für eine wiederholbare Erzeugung von Stoffeigenschaften* zum Gegenstand gehabt. Eine Wissenschaft von den Stoffeigenschaften muß also, darin durchaus vergleichbar der technischen Beherrschung von Meßgeräteeigenschaften, eine *technische Reproduzierbarkeit* von Stoffeigenschaften zum Gegenstand haben und diese mit geeigneten sprachlichen Mitteln in Sätze von Rezeptecharakter fassen.

Doch in welchem Sinne ist hier von „Stoff" die Rede? Eine Antwort leistet eine terminologische Bestimmung von „Stoff" nach demselben Verfahren, nach dem auch die Reflexionstermini „Raum" und „Zeit" definiert wurden: Wir haben offensichtlich schon in unserer vor- und außerwissenschaftlichen Alltagswelt eine Fülle von Wörtern zur Verfügung, die wir – in einer philosophisch noch etwas fragwürdigen Weise – als *Wörter für stoffliche „Eigenschaften"* benützen, etwa wenn wir von der Farbe, vom Aussehen der Oberfläche, von der Härte, vom Geruch, vom Geschmack, aber auch von den Wirkungen („giftig", „beruhigend", „feuerhemmend", „brennbar" usw.) sprechen. Das allgemeine Verfahren der terminologischen Bestimmung von „Stoff" besteht also darin, eine Liste von Wörtern zusammenzustellen, denen der *metasprachliche Prädikator „stofflich"* im Unterschied zu anderen (wie etwa „zeitlich" usw.) zugesprochen wird. Ob sich ein Körper schnell oder langsam bewegt, ob er groß oder klein ist, spitz oder stumpf usw., rechnen wir normalerweise nicht zu seinen Stoffeigenschaften. Die Frage ist dann, genau welche Prädikatoren in die Liste der stofflichen aufzunehmen sind.

Bevor wir diese Frage diskutieren, sei aber darauf aufmerksam gemacht, daß wir Körpern stoffliche „Eigenschaften" zuerkennen, was, sprachkritisch ausgedrückt, nur heißt, daß wir ihnen stoffliche Prädikatoren zu- oder absprechen, wenn diese „Eigenschaften“ in möglichst deutlicher, gleichsam unvermischter Form vorliegen. Ein homogen schwarzer Körper wie ein Stück Holzkohle zeigt eben die Stoffeigenschaft, schwarz zu sein, deutlicher als ein Gemisch von Holzkohle, Sand und Asche. Kaffee in einer Tasse, in die soeben etwas Milch gegossen wurde, zeigt wieder eine einheitliche Farbe nach dem Verrühren. Allgemein, Stoffeigenschaften können um so sicherer einzelnen Körpern zu- oder abgesprochen werden, je einheitlicher sie diese zeigen. Deshalb muß sich das Bemühen, wissenschaftliche Aussagen über Stoffeigenschaften zu ermöglichen, auf die *technische Herstellung von Homogenitäten* richten, wenn nicht schon, wie z.B. bei frischem Quellwasser, von Natur aus homogene Stoffe vorgefunden werden. „*Homogen*“ heißt dabei, daß *Teile eines Körpers bezüglich einer fraglichen Stoffeigenschaft ununterscheidbar* sind – wie außerwissenschaftlich am besten bei den Flüssigkeiten bekannt, technisch erzeugt dann auch bei Stoffen wie Metallen, die aus einer gut verrührten Schmelze, etwa unterstützt durch Abschöpfen oder Ausgießen, hervorgegangen sind. Mit anderen Worten, die Rede von Stoffeigenschaften und damit allgemein von „Stoff“ hängt aufs engste zusammen mit dem Vorfinden oder dem Herstellen stofflicher Homogenität.

Es ist allgemein bekannt, und wird von niemandem bestritten, daß die technische Beherrschung von Stoffeigenschaften einen sehr hohen Stand erreicht hat. Wir sind in unserer technischen Zivilisation in historisch nie gekanntem Maße von Stoffen umgeben, die sich raffinierter technischer Herstellung verdanken, ob es Gläser und Metalle, Kunststoffe und Farben, Textilien, Folien, Kraftstoffe, Nahrungs- und Genußmittel sind. Aber nicht nur der tägliche Umgang mit Stoffen, nicht nur unsere ersten alltäglichen Erfahrungen mit ihnen *beginnen* bei den Produkten einer langen und sehr erfolgreichen Technikgeschichte, sondern auch das *Studium der Wissenschaft Chemie*. Der Chemiestudent begegnet schon in der ersten Einführungsvorlesung und schon beim ersten Blick in seine chemischen Lehrbücher dem theoretischen Resultat einer chemischen Wissenschaftsgeschichte, die das *Periodensystem der Elemente* als kompletten Überblick über alle in der Natur vorkommenden oder künstlich erzeugten *Grundstoffe* („Elemente“) enthält. Außerdem wird ihm das Periodensystem, ergänzend zu der Geschichte seiner Auffindung oder auch unabhängig davon, als Ausdruck des *atomaren Aufbaus* der Stoffe vorgestellt.

Im Bereich seiner praktischen Laborausbildung entspricht dieser ersten Begegnung mit dem theoretischen Ergebnis der Suche nach grundlegenden Stoffeigenschaften die Begegnung mit *chemischen Reagenzien*, die von einer speziellen Industrie in angegebenen Reinheitsgraden technisch produziert werden. Das heißt, er begegnet nicht etwa einer natürlichen, technisch nicht veränderten Welt des Stofflichen, sondern er lernt chemisches Experimentieren an Substanzen, in denen gleichsam das ganze Wissen einer mindestens zweihundert Jahre langen Experimentierkunst bereits als Resultat enthalten ist. Dies schlägt sich u.a. in *Lehrbuchdefinitionen der Wissenschaft Chemie* selbst nieder, wo gerne gesagt wird, Chemie sei die Wissenschaft von den möglichen Kombinationen der bekannten chemischen Elemente.

Bezüglich der Definition des Faches „Chemie“ treffen wir hier auf eine weitere Besonderheit der Chemie, die sie von Physik und Biologie unterscheidet: Während man, wenn auch nur bei sprachlicher Sorgfalt, zwischen biologisch und biotisch, zwischen physikalisch und physisch unterscheidet wie zwischen archäologisch und archaisch, zwischen psychologisch und psychisch, und damit immer die Wissenschaft terminologisch von ihrem eigenen Gegenstandsbereich trennt, gibt es kein Wort chemologisch oder irgendein anderes, das erlauben würde, die *Wissenschaft Chemie* (als menschliche Praxis) vom *Gegenstandsbereich der Wissenschaft Chemie* zu unterscheiden. Das hat erhebliche Folgen. Chemiker rechnen ihre Wissenschaft ebenso zur Natur wie alles, was in der Natur ohne menschliches Zutun geschieht, und was etwa naturhistorisch geschehen ist, lange bevor es Menschen gegeben hat oder Menschen, die Chemie als Wissenschaft treiben. Mit anderen

Worten, das Fehlen einer sprachlichen Unterscheidung von „Chemie" als die Menge der natürlichen und künstlichen stofflichen Umsetzungen und „Chemie" als Bereich menschlicher Tätigkeiten der Erforschung von Stoffumwandlungen begünstigt einen *Naturalismus*, der mit der Abhängigkeit chemisch-wissenschaftlicher Erkenntnisse von menschlichen Zwecksetzungen und Mittelwahlen nicht kompetent umzugehen weiß. Es braucht deshalb nicht zu verwundern, wenn Chemiker dem Komplex moralischer und politischer Verantwortung für die Folgen ihrer Wissenschaft wenn nicht gar ratlos, so doch zumindest als fremd gegenüber den immanenten Besonderheiten ihres Faches begegnen.

Wissenschaftstheoretisch ist gegenüber diesem Zugang zur Chemie von ihren jeweils modernsten Resultaten her zu klären, in welchem Sinne diese Resultate selbst beanspruchen dürfen, wissenschaftliche Geltung zu haben. Dazu muß der Weg *rekonstruiert* werden, wie durch geregeltes, nach expliziten Zwecken zu technischer Reproduzierbarkeit von Stoffeigenschaften getriebenes menschliches Handeln das Wissen und technische Vermögen zustande kommt, „letzte" Elemente oder kleinste Bausteine der Welt des Stofflichen auszuzeichnen. Nach dem Prinzip der methodischen Ordnung kann dies unter keinen Umständen die *Bildung physikalischer Atommodelle* sein, wonach gleichsam in einem Baukasten, in dem Elementarteilchen wie Protonen, Neutronen, Elektronen und andere verfügbar sind, mit dem kleinsten angefangen wird und dann schrittweise, beginnend mit dem Wasserstoff-Atom über das Heliumatom aufsteigend nach Atomgewichten im Periodensystem der Elemente die gesamte stoffliche Wirklichkeit (im ersten Schritt auf der Ebene der Elemente, im zweiten Schritt durch Molekülbildung auf der Ebene synthetisierter Stoffe) durchlaufen wird. Denn die *Physiker*, die Atommodelle entwerfen, binden diese an Experimente anhand von *möglichst reinen Stoffen, die ihnen die Chemiker anliefern*. Hier haben wir also einen deutlichen Hinweis über das *systematische Verhältnis von Chemie und Physik*: Insofern sich Physik mit dem Feinaufbau von Materie befaßt, bedarf sie dazu unabweislich der Produkte, die erst aufgrund des technischen Erfolgs chemischer Forschung verfügbar sind. Insofern ist die *Chemie eine Grundlagenwissenschaft der Physik*, und nicht umgekehrt.

Dieses Beispiel belegt einmal mehr die oben in allgemeiner Form diskutierte These, daß Systematisierungsaussagen über Einzelwissenschaften selbst immer nach Zwecken vorgenommen werden. (Im entsprechenden Abschnitt wurde darauf hingewiesen, daß auch „Systematisieren" oder „Einteilen" Handlungen sind, deren Gelingen oder Mißlingen von explizit anzugebenden Zwecken abhängig bleibt.) Wo es also um das erkenntnistheoretische Ziel geht, Wissen von Nichtwissen zu unterscheiden und dafür zu klären, welche Gründe Meinungen zu Wissen machen, so ist das physikalische Wissen über den Aufbau von Atomen gewinnbar oder verfügbar nur relativ zum chemischen Wissen, was ein *reiner Stoff* ist. Diese erkenntnistheoretische Abhängigkeit, die mit einer nicht umkehrbaren methodischen Schrittfolge des Gewinnens von Erkenntnissen zusammenhängt, wird vergessen, wenn das Abhängigkeitsproblem von Physik und Chemie allein im Bereich der Fachsprachen oder Theorien der beiden Disziplinen diskutiert wird und dann, nachträglich zum Forschungsprozeß und gleichsam aus didaktischen Gründen der Systematisierung, die Physik der Atome zur Grundlagentheorie der Chemie der Moleküle erklärt wird.

Diese Kritik an erkenntnistheoretisch unbedachten Thesen zur Systematisierung von Wissenschaften kann sich zusätzlich auf die Chemiegeschichte berufen, weil nach dem Vorbild der auf den Kopf gestellten Reihenfolge von Physik und Chemie niemals die heute anerkannten Entdeckungen und Resultate hätten erhalten werden können.

Da eine methodische Wissenschaftstheorie der Chemie bzw. eine Protochemie noch nicht fertig vorliegt, sondern derzeit erst in Arbeit ist, schließen wir Überlegungen zur Gegenstandskonstitution der Chemie mit einer Diskussion des *Definitionsverfahrens* für den *chemisch reinen Stoff* ab. Der schon kritisierte didaktische Zugang zur modernen Chemie über ihre jeweiligen neuesten Ergebnisse suggeriert dem interessierten

Laien wie dem Chemiker, daß er *„chemisch rein"* sogleich und von Anfang an im Rahmen von Modellen für Atome und Moleküle zu verstehen habe: Man stelle sich zwei verschiedene Atom- oder Molekülsorten wie Erbsen und Linsen vor und nennt dann einen Stoff „chemisch rein", wenn er wie eine Tüte voll Erbsen gedacht werden kann, ohne daß eine einzige Linse als „Verunreinigung" in ihr enthalten ist. Wissenschaftstheoretisch ist aber zu fragen, was diese Modellvorstellung der chemischen Reinheit in der Laborpraxis und als Forschungsresultat überhaupt bedeutet.

Der Zugang zur Welt des Stofflichen muß unabweislich, der methodischen Ordnung folgend, bei den zunächst wahrnehmbaren stofflichen Eigenschaften homogenisierter Körper beginnen. Dabei war bereits *„homogen"* als *„ununterscheidbar in beliebigen Teilen"* immer auf ein ganz bestimmtes Merkmal, sprachtheoretisch gewendet, immer auf einen ganz *bestimmten Prädikator* bezogen. Das heißt, ein Körper kann etwa bezüglich der Farbe, der Dichte, der Oberflächenbeschaffenheit, der Konsistenz, des Geruchs usw., in beliebigen Teilen ununterscheidbar sein. Der Verwendung eines ganz bestimmten Prädikators, auf den dann Homogenität bezogen ist, bedeutet auch einen Bezug auf ein bestimmtes Herstellungs- und Kontrollverfahren. Die Homogenität der Farbe, der Dichte oder einer anderen stofflichen „Eigenschaft" sicherzustellen, ist also der nichtsprachliche, durch poietisches Handeln zu beherrschende Aspekt der chemischen Reinheit. Stoffe sind mit anderen Worten „chemisch rein" immer nur relativ zu einem bestimmten Herstellungs- und Kontrollverfahren.

Homogenitäten dieser Art sind uns bereits in den Prototheorien zur Physik begegnet, wo auch die ebene Oberfläche an Körpern wie Zeichenebenen, Linealen oder Meßgeräten als Ununterscheidbarkeit bezüglich der Berührung mit Paßstükken ausgezeichnet war. Auch die gleichförmige Bewegung für die Zeitmessung oder die gleichförmige Dichte für die Herstellung von Gewichtssätzen zur Massenmessung war stets als Herstellungsziel homogener Bewegungen bzw. Materialien im Sinne der Ununterscheidbarkeit von Paaren von Bewegungen konstanter Relativgeschwindigkeit oder der Zuggleichheit von Teilkörpern bestimmt. *Homogenität* fungiert dabei als *Herstellungsziel*, dem man sich, je nach technischem Bedarf, immer weiter annähert. Diese Annäherung kann empirisch an Grenzen stoßen, etwa, wenn die Herstellung von Hochglanzflächen auf die Körnigkeit des Materials als einer nicht unterschreitbaren Verfeinerung stößt. Auch der Laie weiß, daß Sandstein nicht so glatt wie Marmor und Marmor nicht so glatt wie die Gläser geschliffen werden können, aus denen Linsen für optische Geräte bestehen.

Im Bereich der Geometrie war erläutert worden, wie diese Homogenität als Herstellungsziel zugleich den Übergang von der Rede über wirkliche Körper oder Geräte zu den idealisierten mathematischen Fachausdrücken durch „Ideation" zu erfolgen hat. Die „Ideation" erfolgte durch Beschränkung auf den Bereich von Aussagen, die sich aus der Beschreibung der Herstellungsziele logisch ableiten lassen. Diese Beschränkung wurde interpretiert als eine „Als-ob-Redeweise", nämlich, „als ob" die Herstellungszwecke realisiert wären, und sonst keine weiteren Zwecke in Betracht kämen.

Dieses *Ideationsverfahren übertragen* wir nun *auf die Chemie*, um die chemische Reinheit zu definieren: Relativ zu einem Merkmal bzw. Prädikator wird Reinheit als technisch bestmögliche Ununterscheidbarkeit beliebiger Teile eines Körpers verstanden. *„Reinheit"* ist also ein *ideativer Begriff* oder *„Ideator"*, der ein Herstellungsziel angibt, dessen Erreichbarkeit eine Frage der technischen Erfahrung ist und an natürliche Grenzen stoßen kann.

Es ist aber zu beachten, daß dieser ideative Begriff der Reinheit weder auf den des chemischen Elements noch auf die Modellvorstellung führt, die am Beispiel der Tüte Erbsen erläutert wurde. Die These ist nicht, daß die kleinsten, durch bestimmte Trennverfahren hergestellten Teile eines Körpers dieselben Eigenschaften haben müssen wie der Ausgangskörper. Es könnte durchaus sein, daß gerade eine weitere Aufteilung von technisch erzeugten, kleinsten Teilen das Merkmal, in dem Homogenität erreicht oder kontrolliert werden soll, nicht mehr feststellbar ist, daß also vielleicht kleinste technisch erreichbare Teile nicht mehr sinnvoll dem Verfahren der Feststellung ihrer Farbe, Dichte usw. unterworfen werden können. Dessen ungeachtet hat jedoch die Chemie keinen anderen Zugang zur Welt des Stofflichen als über diese Form der Herstellung bzw. Kontrolle homogener Stoffe. Es müssen also andere Gründe als die fortgesetzte Teilbarkeit homogener Körper bei Erhalt einer bestimmten Qualität sein, die den Chemiker veranlassen, Modellvorstellungen wie die von Atomen und Molekülen zu entwickeln. Tatsächlich waren es ja historisch auch Beobachtungen über chemische Reaktionen an Gasen, die (bei gleichem Druck) in konstanten oder multiplen Proportionen ihres Volumens miteinander chemisch reagieren und neue Gase bilden. Aber auch dieses Gesetz der konstanten und multiplen Proportionen ist überhaupt erst formulierbar, wenn verschiedene Gase identifiziert, und dies heißt selbstverständlich wieder, als homogene Stoffe nach bestimmten Kriterien und den ihrer Kontrolle dienenden Verfahren identifiziert werden können.

8.5. Protobiologie

Wie bei der Protophysik hat die *Protochemie*, ausgehend von den Ergebnissen und Leistungen der heute vorfindlichen Chemie, ihre Gegenstandskonstitution aus der Lebenswelt heraus und damit die explizite Normierung ihrer Fachsprache zu rekonstruieren. Die analoge Aufgabe kommt auch einer *Protobiologie* zu, deren Skizzierung die Diskussion der wissenschaftstheoretischen Grundlagen vorgefundener Naturwissenschaften abschließt.

Wie bei anderen Wissenschaften auch haben wir für die Biologie zu fragen, die *Verwissenschaftlichung welcher Praxen* die heute vorfindliche Biologie sei. Vor aller Wissenschaft im modernen Sinne ist es dem Menschen als Kulturleistung gelungen, Tiere und Pflanzen zu domestizieren und durch Züchtung zu neuen, nach seinen eigenen Zwecken ausgewählten Formen zu bringen. Es versteht sich von selbst, daß der Mensch zur Beschaffung seiner lebensnotwendigen Nahrung, Kleidung,

Gerätschaften, Behausung usw. die Tier- und Pflanzenwelt nach seinen Bedürfnissen nutzt und dazu ein Wissen ausbildet, zu dem auch die Klassifikation von Tieren und Pflanzen nach diesen Zwecken gehört, von Tieren als Lieferanten von Eiern, Milch, Fleisch, Häuten und Fellen, Knochen oder als Transportmittel, Arbeits- oder Wachtiere, und von Pflanzen als Nahrungsmittel, als Heilmittel, als Bauholz, Streu und modern als Grundstoff für die Herstellung zahlloser Produkte von Textilien bis zu Schmierstoffen.

Die Nutzung der lebendigen Natur durch den Menschen als Sammler, Jäger und Ackerbauer hat ihm zunächst ein vor- und außerwissenschaftliches Wissen über Pflanzen und Tiere verschafft. Heute würden wir es als ein Wissen über den Aufbau oder die Struktur von Pflanzen und Tieren bezeichnen, aber auch als Wissen über „Verhaltensweisen", von der Abhängigkeit der Bestäubung von Pflanzen durch Wind oder Insekten, bis zu den Fortpflanzungsgewohnheiten von Tieren oder den Bedingungen der Jagd oder der Tierhaltung und -züchtung. Dieser Nutzenaspekt schließt nicht aus, daß wenigstens bestimmte Pflanzen und Tiere auch unter dem Aspekt des Schönen betrachtet oder in Mythen und Religionen zu kultisch verehrten Objekten gemacht wurden. Andererseits ist nicht zu vergessen, daß von Tieren und Pflanzen auch Gefahren ausgingen und ausgehen, die der Mensch zu beherrschen gelernt hat. Fragen wir nach dem *Wissen*, das Menschen über die belebte Natur erworben haben mögen, so ist dieses sicher weniger ein interessen- und zweckfreies, neutrales Beobachtungswissen als vielmehr ein *Vermögen im Umgang mit Pflanzen und Tieren*, so daß es auch in erster Linie menschliche Bedürfnisse und Zwecke sind, die ihm die *Aspekte und Kriterien* liefern, unter denen er das Reich der Pflanzen und Tiere betrachtet.

Dieser Hinweis ist deshalb von Bedeutung, weil in populären wie wissenschaftlichen Darstellungen der Evolutionsbiologie gern von „Merkmalen" gesprochen wird, die z.B. an Tieren vorlägen, sich nach bestimmten Gesetzen vererbten und dem Selektionsdruck des Überlebenskampfes ausgeliefert seien – als seien Merkmale von Lebewesen *naturhaft* vorhandene

Komponenten des gesamten Tieres bzw. der gesamten Pflanze. Sollte eine wissenschaftliche Biologie etwa in Beschreibung und Erklärung von Züchtungsunternehmungen (als Modellen einer „Züchtung durch die Natur") Merkmale von Lebewesen herausheben, die nicht durch menschliche Bedürfnisse oder Zwecke ausgezeichnet sind, so muß sie *explizit Kriterien* dafür angeben, wie diese zu finden seien.

Einen Aspekt allerdings, der nicht sogleich das Tier als Lieferanten von Fleisch, Fell, Horn usw. oder die Pflanze als Lieferanten von Mehl, Stroh oder Bauholz ansieht, findet der Mensch an sich selbst: Zwar wissen wir nicht, wie in prähistorischen Zeiten die Menschen mit ihrem *eigenen Körper*, mit ihrer Ernährung, mit ihrer Gesundheit, mit Geburt und Tod umgegangen sind. Aber es liegt zumindest nahe, daß für „menschenähnliche" Tiere, insbesondere wenn sie domestiziert waren, zumindest auch anthropomorphe Beschreibungen gefunden wurden, d.h. daß der Mensch andere Lebewesen mit denselben Unterscheidungen beschrieben hat wie sich selbst. Die Atmung, das Bluten von Wunden, die Ähnlichkeit einzelner Organe wie der Augen, Schmerzempfindlichkeit, Geburt und Tod, aber sicher auch die Ähnlichkeiten von Verwandten in der Generationenfolge bilden einen Ansatz dafür, daß zu den Aspekten oder „Merkmalen" von Lebewesen, die allein auf die *Nutzung* durch den Menschen abgestellt waren, auch solche hinzukamen, die aus der *Selbstbeschreibung* oder Selbstbeobachtung des Menschen stammen. Und da wir hierüber keine Kenntnisse haben und wohl auch nicht werden gewinnen können, liegt es nahe, sich *unter heutigen Verhältnissen* zu fragen, wie Menschen mit Haustieren umgehen: Indem sie z.B. einen Hund oder eine Katze halten, schreiben sie diesen Verhaltensweisen zu, die größtenteils anthropomorph sind und in ihrer Angemessenheit kontrollierbar durch Erfolge oder Mißerfolge der gelingenden Tierhaltung bzw. -züchtung. Selbstverständlich weiß z.B. jeder Katzen- oder Hundehalter bestimmte Verhaltensweisen als Zeichen des Hungers zu interpretieren, ja, man wird sogar die Weigerung eines Hundes zu fressen, weil sein Herr verreist ist, menschenähnlich als Trauer interpretieren. Erst recht natürlich wird versucht, in medizinischen Fragen die Analogie von Mensch und Tier so weit, wie medizinisch sinnvoll, zu treiben. Mit anderen Worten, es lassen sich zahlreiche Gebiete und Beispiele nennen, für die es *mit Gründen sinnvoll* ist, bewährte Unterscheidungen, mit denen der Mensch über sich selbst spricht und mit denen er seine sich selbst betreffenden Handlungen vorbereitet oder Verhaltensweisen erklärt, auf Tiere und, mit Einschränkungen, auf Pflanzen zu übertragen. Für einen Großteil der Beschreibungsmittel von Tieren und Pflanzen finden sich kaum andere Zugänge als eben diese Übertragung des Menschlichen auf das Nichtmenschliche.

Dies zu betonen, ist deshalb wichtig, weil die Biologie, in diesem Punkt das Prinzip der methodischen Ordnung genauso verletzend, wie dies in anderen Wissenschaften auch vorkommt, gern in umgekehrter Reihenfolge vorgeht und den *Menschen als das Tier mit besonderen zusätzlichen Eigenschaften* betrachtet. Im selben Sinne, wie oben das Baukastenprinzip in Anwendung auf Physik und Chemie diskutiert wurde, wird in der Biologie gleichsam eine Hierarchie von Komplexitäten einzelner Baupläne für Tiere oder Pflanzen vom Einfachen zum Komplizierten angenommen. Zugespitzt läßt sich in diesem Schema fragen, welche Merkmale hinzukommen müssen, wenn z.B. der Schimpanse mit dem Menschen verglichen wird.

Wir können hier den geistesgeschichtlichen Gründen dieser Auffassung nicht im Detail nachgehen. Erheblichen Einfluß dürfte wohl gehabt haben, daß Descartes als ein Begründer des neuzeitlichen, naturwissenschaftlichen Denkens und eines rigoros mechanistischen Programms *Tiere als Automaten* betrachtete, von denen sich der beseelte Mensch durch eine theologisch postulierte, das Geistige einschließende Seele unterscheide. Nachdem aber in der modernen, naturwissenschaftlichen Biologie eine theologisch definierte Seele keinen Platz hat, bleibt nur, *geistige Besonderheiten des Menschen* (wie z.B. seine Sprache) *als Organismusleistungen* besonderer, höherer Komplexität zu betrachten. Dazu sieht sich der Biologe außerdem (d.h. außer zur Vermeidung theologischer Argumente) durch sein *Programm der Naturgeschichtsschreibung* genötigt, in dem ein Aufstieg von einfacheren zu komplexeren Formen des Lebendigen angenommen wird, so daß die komplexeste Form Mensch aus weniger komplexen, mit geringeren geistigen Leistungsfähigkeiten versehenen Formen erklärt werden muß. Daß dieses Programm aber von Menschen hoher Kulturstufe stammt und nur mit Bezug auf ein Wissen überhaupt erfunden und verfolgt werden kann, das unser heutiges, auf heutige Zwecke abgestelltes Wissen ist, daß mithin nicht die Biologie den komplexen Menschen hervorbringt, sondern dieser die Wissenschaft Biologie, wird von den Biologen heute nicht ausreichend gewürdigt.

In einer methodischen Wissenschaftstheorie, der es um die *Rekonstruktion transsubjektiver Geltung* wissenschaftlicher Aussagen geht, spielen dogmatische Kontroversen wie die zwischen „Kreationisten" (Anhänger einer meist theologisch begründeten Schöpfungslehre) und „Materialisten" (eine Erläuterung wurde bereits oben gegeben) keine wichtige Rolle. Hier geht es vielmehr nur darum, zu fragen, *woher* die wissenschaftliche Biologie bei Verwissenschaftlichung bestimmter Praxen ihre *Unterscheidungen gewinnt*. Und dazu lautet die Antwort, daß wir einerseits aus dem Bereich des handelnden Umgangs mit Lebewesen zum Zwecke des eigenen Überlebens, andererseits durch Übertragung menschlicher Selbstbeschreibung (die ihrerseits ja auch an Zweckmäßigkeiten z.B. für den Umgang der Menschen miteinander orientiert ist) unsere Beschreibungsmittel gewinnen. Damit ist aber kritisch zu prüfen, wie weit die biologische Selbstverständlichkeit, biologisch den Menschen als eine Spezies unter anderen zu betrachten, trägt, und wie weit damit ein *biologisches Menschenbild* – der Mensch als Organismus mit Spezialitäten, die bei anderen Spezies nicht vorkommen – in allen Bereichen der Biologie, z.B. in einer Verhaltens- oder auch Vererbungslehre, sinnvoll ist.

Wissenschaftshistorisch ist unstrittig, daß der Sprung in die moderne Evolutionsbiologie, die mit dem wissenschaftlichen Werk *Charles Darwins* getan wird, sein Fundament in Darwins

Bezug auf die *Züchtungspraxis* von Pflanzen und Tieren im England seiner Zeit hatte: Wenn „von Natur aus" in der Generationenfolge Verschiedenheiten zu beobachten sind, und der Mensch die ihn interessierenden Merkmale etwa von Orchideen oder Brieftauben durch Verhinderung oder Beförderung der Fortpflanzung zwischen bevorzugten Individuen verstärkt oder unterdrückt, und damit ein erwünschtes Züchtungsergebnis hervorbringt, so kann der Überlebenskampf in freier Natur analog als Züchtung durch Selektion verstanden werden. Die *Verwissenschaftlichung lebensweltlicher Züchtungspraxis* läge also darin, das tatsächliche historische Gelingen von Züchterhandlungen, d.h. das Erreichen von Züchtungszielen durch Entwicklung einerseits effizienter Verfahren bis zur technischen Reproduzierbarkeit, andererseits zur Hochentwicklung einer geeigneten wissenschaftlichen Fachsprache als technisches Modell naturhistorischen Geschehens begrifflich wie technisch verfügbar zu machen. Dies wäre dann eine *Grundlage der Evolutionsbiologie*, die jedoch, wie sofort zu sehen, einer gewichtigen Beschränkung unterliegt:

Der traditionelle Züchter (traditionell, insofern er nicht mit technischen Methoden ins Genom eingreift, etwa indem er mit Röntgenstrahlen Veränderungen des Chromosomensatzes hervorruft) kann nur auswählen zwischen „natürlich" vorkommenden Mutanten. Dies beschränkt seine Auswahlmöglichkeiten erheblich. So ist es z.B. gelungen, Schweinen ein weiteres Rippenpaar anzuzüchten, was wegen der Verarbeitung zu Schweinekoteletts erwünscht ist. Aber es ist ersichtlich unmöglich, wegen der Erwünschtheit von Schinken sechs- oder achtbeinige Schweine zu züchten – das heißt, wenn aufgrund einer „Laune der Natur" oder eines gentechnischen Eingriffs dennoch ein solches Tier geboren würde, wäre es nach allem, was wir wissen, wohl nicht lebens- und schon gar nicht fortpflanzungsfähig. „Nach allem, was wir wissen" haben nämlich Tiere, bevor sie sich überhaupt der Selektion durch einen natürlichen oder menschlichen Züchter unterwerfen, erst einmal eine *„innere" Selektion* dadurch zu bestehen, daß ihr *Bauplan lebensermöglichend* sein muß. Biologen können also nur in erster Annäherung ihr Wissen auf Beobachtungen von Erbfolgen von Bohnen, Mäusen oder Drosophila-Fliegen gründen, die „Mechanismen" der Vererbung aber nicht – wie dies einer heute verbreiteten Meinung zufolge als Forschungsprogramm akzeptiert ist – dazu nur noch eine Steuerungsinstanz in den „Erbinformationen" der Keimzellen annehmen. Denn wie immer diese „Informationen" auch aussehen mögen, sie können sich nur im Spielraum auswirken, der durch physikalische und chemische Gesetze für die Lebens- und Funktionsfähigkeit des Organismus eröffnet wird.

Für eine Protobiologie, die analog zur Protophysik und Protochemie die Grundbegriffe einer Erfahrungswissenschaft bereitzustellen hat, heißt dies, daß sie für evolutionsbiologische Forschung einen *Organismusbegriff* klären muß, der sich an eine methodische Ordnung von Bauplänen für Organismen hält. Unter „Bauplan" ist dabei verstanden, daß z.B. für heute lebende Tiere („rezente Formen"), aber auch für alle in der Rekonstruktion des Evolutionsgeschehens auftauchenden ausgestorbenen Formen eine Beschreibung mit physikalischen und chemischen Mitteln gesucht werden muß, die die Funktion des Gesamtorganismus sicherstellt. Auch hier legt die historische Tradition der Wissenschaft Biologie einige Fallen:

Historisch war es für die *Morphologie*, also die Lehre von den Gestalten der Tiere und Pflanzen, eine naheliegende Betrachtungsweise, etwa bei Versteinerungen *Ähnlichkeiten des Aussehens* aufzusuchen und aus diesen hypothetisch eine Entwicklungsreihe zu gewinnen. Darin ist eine *prima-facie*-Plausibilität enthalten, daß über möglichst ähnliche Formen eine Veränderung in kleinen Schritten auch bei längst ausgestorbenen Formen aufgefunden werden kann, um Stammbäume als weitere Arbeitshypothesen zu gewinnen. Allerdings zeichnet selbstverständlich auch eine dem äußeren Anschein nach lückenlose Reihe ähnlicher Formen keine *Zeitrichtung* aus, ja, kann recht besehen noch nicht einmal *mit Gründen von einer Verwandtschaft oder Abstammungsreihe* ausgehen. Deshalb ist aus wissenschaftstheoretischer Sicht entgegen dieser Tradition einer Ähnlichkeitsmorphologie eine *Konstruktions-*

morphologie vorzuziehen, die sich nicht nur mit dem Aussehen, sondern mit der physikalisch und chemisch zu beschreibenden Funktion der Organismen befaßt. Mit anderen Worten, die Rede von „Organismen" bedeutet zunächst im Hinblick auf das Forschungsziel, das heute vorgefundene Reich des Lebendigen als die letzten Verzweigungen eines alles Lebendige umfassenden Stammbaums zu erkennen, eine Betrachtung von Lebewesen als funktionsfähige Maschinen, die *kohärent, kraftschlüssig, mit einem Energiehaushalt und einem Verhaltensrepertoire* versehen erst einmal für sich lebensfähig sein müssen, bevor sie überhaupt (theoretisch) eintreten können in die nach der Darwinschen Theorie anzunehmenden Einflüsse einer seligierenden Natur auf die Generationenfolge.

Auch für die Biologie haben wir in Rechnung zu stellen, was oben bei der Diskussion des Baukastenprinzips in den Naturwissenschaften geklärt wurde: Es ist nicht zutreffend, zu sagen, ein Mensch, ein Tier oder eine Pflanze sei ein Organismus (mit dem stillschweigenden oder expliziten Zusatz, „nichts anderes als ein Organismus"), sondern nur, daß die Biologie Menschen, Tiere und Pflanzen *als Organismen betrachtet*, indem sie dazu bestimmte *methodologische Beschränkungen* macht, die ihrerseits im Blick auf Forschungszwecke *gerechtfertigt* sein müssen. Eine solche Beschränkung kann z.B. darin liegen, Entwicklungsreihen von vorgefundenen oder hypothetischen Formen von Lebewesen als Differenzierung ihrer lebensermöglichenden Funktion zu beschreiben. Dazu muß dann z.B. allein schon für den Bewegungsapparat eines Tieres alles mechanisch relevante Wissen aufgewandt werden, ein Konstruktionsmodell für jede Form anzugeben.

Eine weitere Falle, die sich aus der Geschichte der Biologie ergibt, besteht in gewissen maschinentheoretischen Vorurteilen: Während der Mensch Maschinen aus Komponenten aufbaut, ist ein Lebewesen in seiner gesamten Entstehungsgeschichte vom befruchteten Ei bis zur erwachsenen, fortpflanzungsfähigen Form ein „Individuum", d.h. zu deutsch, ein ungeteiltes. Stellt man sich also z.B. ein Wirbeltier in der Weise vor, daß man zunächst wie ein Handwerker ein Skelett herstellt, an diesem dann als Sitz der treibenden Kräfte eine Muskulatur, zu deren Versorgung die Stoffwechselorgane und zu der gesamten Steuerung des so aufgebauten Apparates ein Nervensystem mit Gehirn hinzufügt, so ist das *Maschinenmodell* ersichtlich *nicht für die Erklärung von Entwicklungen* geeignet, weder der individuellen noch der stammesgeschichtlichen. Denn eine solche Maschine kann sich zwar bewegen, aber nicht selbst verändern, d. h. wachsen und altern.

Es ist aber keineswegs nur die ältere Biologie, die das Maschinenmodell für Organismen in diesem Punkt zu weit getrieben hat, sondern auch die modernste, mit chemischen und mikrobiologischen Objekten, Methoden und Argumenten arbeitende Biologie: Sie bedient sich ausgiebig einer *informationstheoretischen Beschreibung* – dem Laien am besten wohl in der Rede vom „genetischen Code" bekannt – und handelt sich damit das Problem ein, durch eine *Trennung der stofflichen und der informationellen Beschreibung* der letzteren zu viel abverlangen zu müssen. Anschaulich gesprochen: Muß für jedes der ungezählten Merkmale, die wir z. B. einem Menschen zusprechen können, tatsächlich in seinen Erbinformationen eine Art von Konstruktionsbefehl vorliegen? Oder muß ein kompletter Bauplan des Nervensystems mit der ungeheuren Vielzahl der von Nervenenden erreichten Körperstellen vorliegen, wie es der Fall sein müßte, wenn tatsächlich alle stofflichen oder mechanischen Vorgänge (und auch das Wachsen der Nerven ist ein solcher) von einer „Zentrale" gesteuert abliefen? Die Alternative liegt darin, daß z. B. mechanische Vorgänge ungesteuert und dennoch mit dem beobachteten Ergebnis ablaufen, wie ja z. B. auch eine Flüssigkeit ohne externe Steuerung die Form eines Gefäßes annimmt, in das man sie gießt. Mit anderen Worten, eine Funktionsbeschreibung von Organismen einschließlich ihrer (individuellen wie stammesgeschichtlichen) Entwicklung muß zwar mechanische Konstruktionen angeben, die die Funktionsfähigkeit des einzelnen Organismus vor aller Darwinschen Selektion sicherstellen, darf aber dabei nicht nach dem Baukastenprinzip der Komponentenzusammenstellung arbeiten.

Als letzte, hier kurz zu besprechende Falle der traditionellen Biologie tut sich auf, daß die *Verletzung der methodischen Ordnung* auch zu einer *falschen Einschätzung sogenannter höherer Organismusleistungen* wie Wahrnehmung, Denken und Sprache führen kann. Übersieht man nämlich die Abhängigkeit jeder stammesgeschichtlichen Anpassung von Lebewesen an natürliche Lebensbedingungen von den physikalisch und chemisch möglichen, d.h. überhaupt lebensfähigen Konstruktionsplänen, so kann in den vorfindlichen Formen des Lebendigen gleichsam ein Abbild deren naturgeschichtlicher Lebensbedingungen gesehen werden (etwa nach Konrad Lorenz, für den die Fischflosse die Eigenschaften des Wassers abbilde). Das führt dann zur Auffassung, daß die Angepaßtheit rezenter Formen (einschließlich des Menschen) auch solche Organe betrifft, mit denen sie *Erkenntnisse über die Welt* gewinnen, von den Sinnesorganen bis zu den Denkorganen. Das heißt, nach dieser Auffassung fände Erkenntnis statt, weil die dafür benötigten Organe dem zu Erkennenden naturgeschichtlich angepaßt seien. Diese Auffassung hat zur sogenannten „evolutionären Erkenntnistheorie" geführt.

Die evolutionäre Erkenntnistheorie, die nicht nur fachbiologischen Einwänden offensteht, sondern von der Mehrheit der Philosophen in ihrem Anspruch angezweifelt wird, überhaupt eine Erkenntnistheorie zu sein, kann hier nicht ausführlich diskutiert werden. Im Zusammenhang von Prototheorien und, allgemeiner, einer methodischen Wissenschaftstheorie jedoch sind folgende Einwände zu erheben:

„Organismus" ist ein Fachausdruck einer Wissenschaft Biologie, die sich bestimmten methodologischen und inhaltlichen Zwecksetzungen dieses Faches verdankt. Diese Zwecksetzungen sind, auch unter Hinzunahme von Physiologie und Psychologie, primär nicht, menschliche Erkenntnisleistungen naturwissenschaftlich zu erklären. Dazu müßte sie nämlich *das zu Erklärende*, etwa kognitive Leistungen, *unabhängig von biologischer Beschreibung* schon expliziert haben. Wir haben außerdem im ersten Teil dieses Buches ausführlich diskutiert, daß Wissen oder Erkenntnis etwas mit Geltungsansprüchen für

Sätze, also sprachliche Gegenstände zu tun hat, in denen Wissen bzw. Erkenntnisse unter Menschen kommuniziert werden. Wer also, wie ein „evolutionärer Erkenntnisbiologe", das Zustandekommen von Erkenntnissen mit seinen wissenschaftlichen Mitteln erklären möchte, muß *über sie sprechen* und damit über ein Kriterium verfügen, wie Wissen bzw. Erkenntnisse von Nichtwissen bzw. Nichterkenntnissen zu unterscheiden ist. Er braucht mit anderen Worten ein *normatives Kriterium*, das sich auf die (sprachlichen wie nichtsprachlichen) Handlungen einer Handlungs- und Sprechergemeinschaft bezieht. Oder kurz, das zu Erklärende ist von vornherein keine Organismusleistung, sondern viel eher eine kommunikative Leistung einer Handlungs- und Kulturgemeinschaft.

Die genannten „Fallen" in Forschungsprozeß und Theorie der gegenwärtigen Biologie haben, wissenschaftstheoretisch gesehen, ihren Grund in mangelnder Reflexion, daß Biologie von Menschen handelnd hervorgebracht wird. Das heißt, die Biologie wird weitgehend in einer Perspektive betrieben, in der die ganze Aufmerksamkeit des Biologen seinem Objektbereich, nämlich lebenden Individuen, Populationen, und deren naturgeschichtlicher Entwicklung gilt. Wo der Biologe (z.B. als Morphologe) selbst mit in die Betrachtung der Biologie einbezogen wird, geschieht dies wieder – zwar konsequent, aber nicht legitim – mit den Mitteln der Biologie. So werden z.B. von manchen Biologen die morphologische Ähnlichkeit von Lebewesen einer evolutionären Anpassung des menschlichen Kognitionsapparates an die Natur zugeschrieben und Voraussetzungen in menschlichen Urteilen zu Raum, Zeit und Kausalität als Produkt der Stammesgeschichte gedeutet. Daß durch ein solches, „biologistisches", d.h. die Biologie in ihrer Reichweite überschätzendes Vorgehen nicht den Aspekt der Geltung wissenschaftlicher Erkenntnisse nach normativen Kriterien einer Kulturgemeinschaft einholen kann, wurde schon gesagt.

Eklatant wird die fehlende Reflexion der Rolle des Biologen dann, wenn evolutionsbiologisch eine Naturgeschichte geschrieben wird, als wäre der Biologe selbst gleichsam Augenzeuge davon gewesen und berichtete nun, wie es bei der Entfaltung von einfachen zu komplexen Lebewesen zugegangen sei. Es ist aber wohl völlig unstrittig, daß Aussagen über weit zurückliegende Ereignisse, die ja in der Evolutionsbiologie ohnehin nicht als Einzelereignisse (wie die Geburt oder der Tod eines bestimmten Individuums), sondern in statistischen Aussagen über enorm große Mengen von Individuen oder lange Zeitabschnitte gemacht werden, nicht nach den gleichen Wahrheitskriterien entschieden werden können wie Aussagen über unmittelbare Beobachtung. Hier hat man wiederum zu fragen, aus welchen lebensweltlichen Praxen heraus das Erzählen einer Naturgeschichte sich durch Hochstilisierung und Verwissenschaftlichung ausgebildet hat.

Das Geschichtenerzählen aus unmittelbarem Miterleben erfährt schon im Alltag eine selbstverständliche Erweiterung zu einer Art rekonstruierter Geschichten aus Indizien. Wer Lebensmittelvorräte in der Speisekammer angegriffen sieht, wird nach Indizien eine Kausalhypothese bilden, ob da eine Maus, ein Haustier oder ein Familienmitglied tätig war. Eine hohe, sogar eine eigene Literaturgattung begründende Kunst der rekonstruierten Geschichten ist die kriminalistische Aufklärung von Tathergängen nach Indizien wie im Kriminalroman. Sie zeigt, wie auf der Grundlage aktuellen Kausalwissens sowie aktuell verfügbarer Indizien nicht beobachtete Ereignisfolgen rekonstruiert werden. In einem begrifflich und wissenschaftstheoretisch strengen Sinne können dabei sogenannte Indizienbeweise genau gesehen nicht mehr leisten, als bestimmte Ereignisfolgen verträglich mit der Menge der verfügbaren Indizien zu machen, in diesem Sinne bestimmte Tathergänge auszuschließen und damit andere als wahrscheinlicher vor konkurrierenden Hypothesen auszuzeichnen. Deshalb ist es auch in der Kriminalistik selbstverständlich, daß das Geständnis eines durch Indizienbeweis überführten Täters mehr zählt als der Indizienbeweis selbst – weil er nämlich aus miterlebter Geschichte berichtet. Dieser Weg ist selbstverständlich dem Evolutionsbiologen verschlossen.

Recht besehen kann deshalb Naturgeschichtsschreibung immer nur unter Einsatz aktuellen Kausalwissens, das für den Biologen heute weitestgehend ein experimentell gesichertes Wissen ist, ausgehend von den gegenwärtigen Verhältnissen Retrodiktionen gewinnen. Wo also von Biologen nicht mehr behauptet werden soll, als tatsächlich gewußt werden kann, müßte, streng genommen, jede Naturgeschichtsschreibung immer in der Gegenwart beginnen und von dort aus Hypothesen über vergangenen Ereignisse als die wahrscheinlichsten aufstellen. Sollte, wofür der heutige Kenntnisstand der Evolutionsbiologie spricht, daraus resultieren, daß die Welt des Lebendigen um so einfachere Formen zeigt, je weiter die Hypothesen in die Vergangenheit zurückreichen, so liegt selbstverständlich die Versuchung nahe, nun von einem hypothetischen Erzählerstandpunkt aus, der gleichsam die gesamte Naturgeschichte überblickt wie die Erlebnisfolge des vergangenen Tages, in Zeitumkehr die Geschichte von den Anfängen her zu erzählen. Hier darf jedoch nicht übersehen werden, daß dies nur ein Erkenntnisziel nach Analogie lebensweltlichen Geschichtenerzählens ist, daß aber bei strenger und kritischer Wertung eine solche Naturgeschichte niemals gewußt werden kann. Im Extremfall kann dies dazu führen, daß eine relativ zum Kenntnisstand einer bestimmten Zeit höchst plausible Geschichte durch wichtige, neue Kausalerkenntnisse in einer darauffolgenden Gegenwart zu einer totalen Revision der vorher für plausibel gehaltenen Naturgeschichte führt. Pointiert gesagt, es ist nicht ausgeschlossen, daß jede Zeit ihre eigene Naturgeschichte schreibt, die keineswegs die Fortsetzung der älteren Naturgeschichten zu sein hat.

Diese Beispiele sollen zeigen, daß eine protobiologische Grundlegung der Naturwissenschaft Biologie nicht gleichsam nur die aus historischen Gründen noch fehlenden Definitionen für Grundbegriffe nachreicht und ansonsten das Fach in seiner theoretischen Ausgestaltung unverändert läßt, sondern daß die Rekonstruktion der Grundlagen des Faches über die Verwissenschaftlichung lebensweltlicher Praxen zu Konsequenzen führt sowohl für weitere Forschungsprogramme als auch für die

Annahme oder Ablehnung historisch vorfindlicher Theorien. Die Protobiologie hat, wie in den Bereichen Protophysik und Protochemie auch, mit ihrem Fundierungsanspruch zugleich den *Charakter einer Erkenntniskritik*.

Für alle Prototheorien führt diese wissenschaftskritische Funktion gelegentlich zu Kontroversen, die von naturwissenschaftlicher Seite mit dem Argument bestritten werden, wie denn ein bloß argumentierender, sozusagen bloß am Schreibtisch arbeitender Philosoph einer *Erfahrungswissenschaft* überhaupt mit dem Anspruch auf Tragfähigkeit und Einschlägigkeit von Kritik begegnen kann. Oder kurz, was richtet das Wort aus gegen die empirische Demonstration, gegen das Experiment, gegen die Erfahrung?

Gegen diesen naiv empiristischen Einwand hat die Leserin oder der Leser dieses Buches jetzt ausreichende Argumente zur Hand: Es sind die sprachlichen wie sprachfreien Handlungen, welche die beobachteten Gegenstände oder Abläufe herbeiführen, abgrenzen, erzeugen und zum Gegenstand wissenschaftlicher Behauptungen machen. „Wissenschaft" als menschliches Unternehmen, ein Wissen mit besonderen, ausgezeichneten Geltungsansprüchen zustande zu bringen, ist immer auf *begrifflich und methodisch strukturierte Erfahrung* angewiesen. Alle naturwissenschaftliche Erfahrung ist Widerfahrnis aufgrund der Handlungen von Naturwissenschaftlern. Und diese Handlungen sind eingebettet in alltägliche, lebensweltliche Zusammenhänge, in denen nicht nur Alltagserfahrungen, sondern auch Bedürfnisse, Zwecke, Handlungsfähigkeiten und die Einflüsse der Kulturgeschichte ihren Sitz haben.

Wer, weil er eine empirische Naturwissenschaft treibt, vermutet, philosophische Einwände gegen Unzulänglichkeiten des Systems der Grundbegriffe, der Ausgestaltung von Theorien oder der Einschätzung von Methoden seien nicht stichhaltig oder tragfähig, hat selbst zu einer nicht naturwissenschaftlichen, sondern philosophischen These gegriffen, und damit dem philosophischen Argument für die eigene Wissenschaft gerade den Stellenwert eingeräumt, den es bestreitet.

Teil III

Der vergessene Gegenstand
Historische Bemerkungen zur Wissenschaftstheorie

1. Einleitung

Die in den ersten beiden Teilen dieses Buches entwickelten Überlegungen zu einer allgemeinen, methodisch rekonstruierenden Wissenschaftstheorie und ihren speziellen Gegenstandsbereichen wie Logik, Mathematik und Experiment, die zu speziellen Prinzipien naturwissenschaftlicher Forschung und zu Prototheorien der Physik, der Chemie und der Biologie führen, sind als eine *Überlegung zu den* (historisch vorfindlichen) *Naturwissenschaften* entwickelt worden. Nur an wenigen Stellen, wo die Verwendung bestimmter Fachausdrücke oder der Bezug auf bestimmte Allgemeinplätze über die Naturwissenschaft Mißverständnisse befürchten lassen, wurde auf eine (ebenfalls historisch vorfindliche) *Wissenschaftstheorie* Bezug genommen. Damit wurde dem Leser ein Ansatz vorgestellt, der beansprucht, für sich selbst systematisch überzeugend zu sein (und sich mit diesem Anspruch dem Urteil des Lesers zu stellen hat).

Durch diese Darstellung soll jedoch nicht der Eindruck hervorgerufen werden, es gäbe nur die in diesem Buch vertretene Meinung, oder diese sei losgelöst von allen anderen Richtungen und Schulen und deren wissenschaftstheoretischen Ansätzen entstanden, deren Kenntnis ihrerseits entbehrlich wäre. Tatsächlich entwickeln sich wissenschaftsphilosophische Auffassungen in *Auseinandersetzung* einerseits *mit den Naturwissenschaften* selbst, andererseits selbstverständlich *mit* historisch vorfindlichen *Philosophien*. Insbesondere hängen Fortschritte der Wissenschaftstheorie davon ab, daß solche Auseinandersetzungen in wissenschaftlichen Publikationen kontrovers ausgetragen werden: Entwicklungen und Differenzierungen in den beteiligten Auffassungen finden so statt. Dies kann im Einzelfall sogar dazu führen, daß der Wunsch, sich mit guten argumentativen Gründen von einer als unzureichend erkannten Alternative abzusetzen, zu einer gewissen Abhängigkeit eben von der abgelehnten Alternative führt: Es ist dann gerade der vergessene Aspekt oder die unzureichende, eventuell sogar falsche Antwort des abgelehnten Ansatzes, die den Weg der eigenen Argumente beeinflussen. Dem Leser einer Einführung in die Philosophie der Naturwissenschaften sollte deshalb Gelegenheit gegeben werden, sich selbst ein Urteil darüber zu bilden, ob die hier als systematische Vorschläge in Auseinandersetzung mit den Naturwissenschaften vorgetragenen Überlegungen tatsächlich für sich selbst systematisch begründet und verständlich sind, oder ob sie in gewissen Aspekten nur aus dem Diskussionszusammenhang mit Gegenpositionen nachvollziehbar werden.

In dieser Absicht, und ergänzt um die Aufgabe, auch dem Leser einer „Kleinen Philosophie" der Naturwissenschaften einen Einblick in die akademisch-professionell betriebene Wissenschaftstheorie zu geben und diese ins Verhältnis zu setzen zu der bisher in diesem Buch entwickelten Philosophie, soll nun ein auswählender und kommentierender historischer Überblick über die Wissenschaftstheorie der Naturwissenschaften in den letzten hundert Jahren folgen.

Dieser Teil beansprucht nicht, irgendeine Vollständigkeit des Überblicks zu erreichen. Sie ist auch nicht der Fiktion einer historischen Neutralität verpflichtet, wonach der Schreiber oder Erzähler einer Geschichte dieser neutral gegenübertreten könnte. Denn wo immer eine Auswahl getroffen wird, wo immer Schwerpunkte gesetzt und Erläuterungen gegeben werden, ist es immer die Geschichtsschreibung eines bestimmten Autors, dessen Bemühung um Wissenschaftlichkeit nicht durch eine vermeintliche Neutralität, sondern nur durch Ausdrücklichkeit und Nachvollziehbarkeit seiner Gewichtungen und Wertungen erreicht werden kann.

In diesem Sinne von dem Vorsatz einer wissenschaftlichen Geschichtsschreibung der Wissenschaftstheorie zu den Naturwissenschaften geleitet, sollen vier wichtige Abschnitte der etwa einhundert Jahre währenden Geschichte der Wissenschaftstheorie unterschieden werden, und zwar (1) eine empiristische Vorgeschichte, (2) eine empiristische Wissenschaftstheorie nach der sprachlichen Wende *(linguistic turn)* der Philosophie, (3) die Relativierung der Naturwissenschaften auf ihre historische Entwicklung durch Wissenschaftlergemeinschaften, und (4) schließlich eine „Aufhebung" der beschreibenden und analysierenden Wissenschaftstheorie als erkenntnistheoretische Aufgabe.

2. Die (empiristischen) Anfänge

Philosophen haben sich schon immer, seit es Wissenschaften gibt, mit diesen als Formen der Erkenntnis auseinandergesetzt. Dies gilt von den Anfängen der abendländischen Wissenschaft und der antiken Geometrie bei Platon und Aristoteles bis in die Gegenwart hinein, wo die unser tägliches Leben, unsere Welt- und Menschenbilder prägende Naturwissenschaft sowohl als besonderes Exemplar einer Erkenntnisform als auch als ein moralisch und politisch nachdenklich machendes menschliches Produkt diskutiert wird.

Andererseits haben *Fachwissenschaftler*, die zum Fortschritt der mathematischen und Naturwissenschaften beigetragen haben, immer auch selbst philosophische Reflexionen zu ihren Bemühungen angestellt. Dies ist umso selbstverständlicher, als eine Einteilung der tatsächlichen Aussagen und Vorschläge von Wissenschaftlern in die (im engeren Sinne) inhaltlichen fachwissenschaftlichen und in die metawissenschaftlichen oder philosophischen erkennen läßt, daß eine Wissenschaft ohne philosophisches Reflektieren noch nicht einmal von demjenigen sprachlich gefaßt werden könnte, der sich mit Nachdruck vorgenommen hat, nur ja nicht zu philosophieren, sondern bei seinem fachwissenschaftlichen Leisten zu bleiben.

Hier trotz der philosophischen, von Philosophen wie von Fachwissenschaftlern immer schon unternommenen Bemühungen durch die gesamte einschlägige Geschichte hindurch von einem *„Anfang" der Wissenschaftstheorie* zu sprechen, rechtfertigt sich aus der Sondersituation, die im Verlaufe des 19. Jahrhunderts für die mathematischen Naturwissenschaften eingetreten ist. Diese besondere Situation besteht darin, daß der Fortgang der Forschung selbst auf Grundlagenprobleme geführt hat, die den einzelnen Fachwissenschaftlern Überlegungen und Entscheidungen zu eben diesen Grundlagen abverlangen. Und so entsteht die *moderne Wissenschaftstheorie* denn auch als eine neue Disziplin, die zunächst nicht von den professionellen Philosophen, sondern *von professionellen Fachwissenschaftlern* betrieben wird.

Beispiele von Problemen, die zwangsläufig zu philosophischen Grundlagenüberlegungen führen, sind die Entdeckung der nichteuklidischen Geometrien neben der euklidischen, die die Frage aufwerfen, welche Theorie nun für die Erfahrungswissenschaften, vor allem für die Physik, die angemessenste oder gar die empirisch ausgezeichnete sei; die Entwicklung der Elektrodynamik führte auf die Einsicht, daß diese nicht bruchlos in die bis dahin vorherrschende klassische Mechanik zu integrieren sei, weil sich ihre grundlegenden Gesetze nach anderen Regeln transformieren als die Gesetze der klassischen Physik; die statistische Physik, die Thermodynamik und eine enger werdende Verbindung zwischen Physik und Chemie lassen der klassischen, makroskopischen Mechanik einen Konkurrenten erwachsen; die Entwicklung der speziellen Relativitätstheorie zu Beginn unseres Jahrhunderts wird explizit zu einer Theorie, die die begrifflichen Grundlagen der klassischen Physik in Frage stellt; in der Quantenphysik etabliert sich ein Verständnis von experimentellen Vorgängen, die mit den Kausalitätsprinzipien der klassischen Physik unverträglich sind; und sogar die für die mathematischen Naturwissenschaften als unproblematisch in Anspruch genommene Mathematik erweist sich in ihrer mengentheoretischen Form als nicht widerspruchsfrei in ihren Grundannahmen. So läßt sich insgesamt sagen, daß spätestens ab Mitte des 19. Jahrhunderts neben die rasch anwachsende Fülle neuer empirischer Ergebnisse notgedrungen immer auch Grundsatzüberlegungen treten, wo naturwissenschaftlicher Erkenntnisfortschritt erzielt wird.

Als eine in ihrer Wirkung schwer zu quantifizierende Begleiterscheinung ist zu erwähnen, daß die *traditionelle akademische Philosophie* mit ihren Ansätzen zur Erkenntnistheorie und zur spekulativen Naturphilosophie einen Weg eingeschlagen hatte, der sie vom tatsächlichen Gang der Fachwissenschaften immer weiter entfernte. So sind die (nach heutiger Sicht unbestreitbar) philosophischen Bemühungen der Fachwissenschaftler selbst immer wieder von Hinweisen begleitet, keine Philosophie sein oder betreiben zu wollen – nämlich im Blick auf die den empirischen Naturforschern fremde oder gar befremdliche akademische Philosophie.

Eine herausragende Gestalt am Anfang der Wissenschaftstheorie ist *Ernst Mach* (1838–1916), der auf vielen Gebieten eigene empirische Forschung mit Erfolg betreibt und zugleich mehrere ausführliche wissenschaftshistorische und erkenntnistheoretische Bücher zu den Naturwissenschaften verfaßt. Sein Buch *Die Mechanik – historisch-kritisch dargestellt* von 1883 versucht mit einer schon im ersten Abschnitt des Vorworts herausgehobenen *„antimetaphysischen Tendenz“* Aufklärung über die Geschichte der Mechanik. Machs Wissenschaftstheorie der Mechanik wird das Ergebnis einer Analyse tatsächlicher naturwissenschaftlicher Forschung und stellt sich in *Opposition zu jeder „speculativen Methode“*.

Sein erstmalig 1885 erscheinendes Buch *Die Analyse der Empfindungen und das Verhältnis des Physischen zum Psychischen* entwickelt die Auffassung weiter, wonach letztlich alle Erkenntnis im Besitz von Bewußtseinsinhalten bestehe, die ihrerseits auf Empfindungen beruhten. Die *Naturwissenschaften* werden dabei als eine *Einheit* aufgefaßt, die in Teilgebiete wie Physik, Sinnesphysiologie und Psychologie nur durch Einteilungen im Bereich dieser Empfindungen zerfallen. Dabei ist eine *Denkökonomie* am Werk, die den Fortgang von den Empfindungen bis zu den Theorien der einzelnen Fachwissenschaften bestimmt. Erhalten, ja verschärft wird von Mach die antimetaphysische und letztlich gar antiphilosophische Haltung des Naturwissenschaftlers, wonach Philosophie oder Erkenntnistheorie nur nachträglich zur stattgefundenen fachwissenschaftlichen Forschung entstehen und in deren Dienst treten können. In diesem Sinne vertritt die Machsche Philosophie, die trotz des wiederholten Bekenntnisses ihres Urhebers, er wolle keine Philosophie entwickeln, eine analysierende, beschreibende und empiristische philosophische Auffassung ist, eine Art von *antimetaphysischem Positivismus*.

Selbstverständlich ist Mach nicht der einzige philosophierende Naturwissenschaftler des 19. Jahrhunderts. Gemessen an den philosophischen Schriften muß man neben ihm mindestens Hermann von Helmholtz erwähnen, aber auch Naturwissenschaftler wie Emile Dubois-Reymond und andere. Aber Mach ist von allen dadurch herausgehoben, daß von ihm ein prägender Einfluß auf die Entstehung der neuen Wissenschaftstheorie im 20. Jahrhundert ausgeht: Im „Verein Ernst Mach" schließen sich 1929 Wissenschaftler vor allem aus Mathematik und Physik zusammen, die schnell als „Wiener Kreis" (mit einem Berliner Ableger, Hans Reichenbach und Carl Gustav Hempel) bekannt werden. Deren einflußreich werdende Philosophie übernimmt von Mach den antimetaphysischen, empiristischen Grundgedanken, unterscheidet sich aber von der Machschen durch einen weiteren Einfluß, nämlich die sprachliche Wende der Philosophie.

3. Naturwissenschaft als Sprache

Wie schon erwähnt, waren nicht nur die Naturwissenschaften, sondern auch die Mathematik (und die in ihr verwendete Logik) Gegenstand von Grundlagendiskussionen geworden. Ohne hier auf Einzelheiten eingehen zu können, seien wenigstens zwei Programme erwähnt, die sich im Rahmen dieser Grundsatzüberlegungen herausbildeten, einmal das (jüngere) Programm der Arithmetisierung der Logik (die gesamte Theorie des logischen Schließens sollte auf den Umgang mit einfachen Zahlensystemen zurückgeführt werden) und das (ältere) Programm der Logifizierung der Arithmetik (die gesamte Mathematik sollte mit den Mitteln der Logik rekonstruiert werden).

Beide Programme sind Ausdruck einer Entdeckung von Schwierigkeiten, die mit mathematischen Grundbegriffen wie „Zahl“, „Funktion“ und „Menge“ und schließlich auch „Beweis“ sowie andererseits mit Grundbegriffen und Grundgesetzen der Logik verknüpft sind. Damals entstand vor allem durch den Logiker Gottlob Frege (ein „Logiker“ hatte es damals insofern schwer, als er den Philosophen zu mathematisch, den Mathematikern zu philosophisch war) eine neue Logik, die als Beschreibung gedanklichen Operierens die Grundlagen der Mathematik klären und disziplinieren sollte. Über die Philosophen Ludwig Wittgenstein und schließlich Bertrand Russell wurde diese Logik zum wichtigsten Instrument der Analyse der Naturwissenschaften durch die Philosophen des Wiener Kreises.

Diese Entwicklung bezeichnet man (nach einem Vorschlag von Gustav Bergmann) als *„linguistic turn“* der Philosophie, also als sprachliche Wende. Kurz läßt sich diese Wende dadurch charakterisieren, daß Probleme sowohl der philosophischen Tradition (z.B. Gottesbeweise) als auch die soeben erwähnten Grundlagenprobleme von Mathematik und Naturwissenschaften *als Probleme ihrer sprachlichen Formulierung betrachtet* und behandelt wurden. Das heißt, es sollten durch genaue Betrachtung der Bedeutung der Wörter (wie z.B. von „existieren“), mit denen Fragen oder Probleme formuliert sind, Unterscheidungen von sogenannten „Scheinproblemen“ und tatsächlich durch die Wissenschaften zu lösenden Problemen gefunden werden. Der Grammatik als Regelwerk für ein „richtiges“ Sprechen trat die neu entwickelte Logik als Instrument der Analyse gegenüber, das eine Beurteilung von Bedeutung und Geltung von Wörtern bzw. von Aussagen klären sollte. Die wichtigste Konsequenz für die sich schnell entfaltende Wissenschaftstheorie der Naturwissenschaften, vor allem der Physik, war, daß man diese *in Form ihrer Theorien* diskutierte. Das durch Jahrzehnte hindurch beschworene Mittel und Ziel dieser Wissenschaftstheorie wurde die „logische Analyse“

von Theorien der Fachwissenschaften. Sie sollte deren logisch-syntaktischen Aufbau deutlich machen, um durch eine *Klärung von Begriffen* eine Klärung des Verhältnisses von Theorien zu ihren in naturwissenschaftlicher Forschung gewonnenen Einzelerfahrungen zu bestimmen.

Der herausragende Kopf dieser Philosophie war Rudolf Carnap (1891–1970). Er leistete zumindest einflußreiche Beiträge zu praktisch allen Themen, die von Philosophen des Wiener Kreises aufgegriffen und diskutiert wurden, wenn er sie nicht sogar wesentlich prägte. Da es ihm dabei – wie E. Mach – nicht um die Entwicklung eines philosophischen Systems, sondern eher um die Aufhebung der Philosophie ging und seine Bemühungen ganz der Analyse und Klärung der sprachlichen Seite der Naturwissenschaften und der Mathematik galten, können hier nur einzelne Aspekte von Carnaps Arbeiten herausgegriffen und besprochen werden.

Ein *zentrales Motiv* war für Carnap wie für die anderen Vertreter dieser Richtung eine *antimetaphysische oder antispekulative Tendenz*, die – im Unterschied zu Mach – nun mit den Mitteln der modernen Logik als ein Sprachproblem diskutiert wurde. Dies hat Carnap nicht nur z.B. in einer Polemik gegen Martin Heidegger vorgeführt, sondern, für die Physik einschlägig, am Beispiel des synthetisch-apriorischen Charakters unserer Begriffe von Raum und Zeit in der Philosophie Kants aufgegriffen. Danach sollten außer der auf *Logik* (auch in der Form von Mathematik) und auf letztlich in Sinneswahrnehmung bestehender naturwissenschaftlicher *Erfahrung* keine weiteren Erkenntnisquellen geben. Über Jahre reichende Diskussionen eines sogenannten „empiristischen Sinnkriteriums" belegen die Versuche, den Ausschluß der synthetisch-apriorischen Erkenntnisform in einer begrifflich strengen Fassung zu begründen.

Zugleich bot aber die historisch vorgefundene Physik schon in Gestalt der klassischen Mechanik Newtons die problematische Aufgabe, das eigene Programm realisiert zu finden, wonach alle Erkenntnis entweder logisch-mathematisch oder naturwissenschaftlich-empirisch sei. Dazu waren Theorien der

Physik erst in eine geeignete logische Form umzuschreiben, so daß Definitions- und Geltungsfragen im Rahmen logischer Begriffsbildungen diskutiert werden konnten. Daraus ergab sich eine unerwartete Fülle von Problemen, die von der Bestimmung des Charakters sogenannter „Naturgesetze" (in welcher Form der Allgemeinheit liegt die law-likelyness, die Gesetzesartigkeit vor), sogenannter „Dispositionsprädikate" (wie z.B. brennbar, löslich) bis schließlich allgemein zu den Verfahren naturwissenschaftlicher Begriffsbildung reichte. So erwies sich z.B. als zu klärendes Problem, wieso die mathematischen Theorien der Physik mit quantitativen (synonym: metrischen) Begriffen arbeiten, denen reelle Zahlen entsprechen, während Meßresultate immer nur rationalzahlig sein können. Mit anderen Worten, wie kann die Mathematik der physikalischen Theorien auf die Realität der beobachteten und gemessenen Verhältnisse angewandt werden oder passen?

Charakteristisch blieb für die gesamten Bemühungen Carnaps und des Wiener Kreises eine Art von „linguistischem Phänomenalismus", d.h., eine Art des Umgehens mit den in den Fachwissenschaften vorgefundenen Theorien und Sprachgebräuchen, als wären diese Naturphänomene. Sie waren das schlechthin Gegebene, das der Wissenschaftstheoretiker zu analysieren und zu klären, nicht aber zu kritisieren hatte (es sei denn, man hätte logische oder Rechenfehler gefunden). Die Aufgabenbestimmung der Philosophie, nur nachträglich zu den jeweiligen naturwissenschaftlich-mathematischen Resultaten als Magd der Wissenschaften zu fungieren, verlieh der ganzen Bemühung einen *letztlich affirmativen*, d.h. die Geltung der Fachwissenschaften nicht nur unterstellenden, sondern per Analyse auch noch bekräftigenden Charakter. Fragen, ob vielleicht in die Entwicklung der mathematischen Naturwissenschaften grundlegende Mißverständnisse oder erkenntnistheoretische Fehler und Dogmen eingeflossen seien, konnten bei dieser Aufgabenstellung der Wissenschaftstheorie nicht aufkommen.

Das Programm, alle naturwissenschaftlichen Erkenntnisse letztlich mit Hilfe von Logik und Mathematik auf einfache Einzelerfahrungen bzw. ihre sprachliche Darstellung in sogenannten Protokollsätzen zurückzuführen, glich einem schrittweisen Rückzugsgefecht. War man am Anfang von der Hoffnung ausgegangen, diese analytische Klärungsaufgabe für die bewährten Theorien vor allem der Physik nur noch nachtragen zu müssen, ohne daß die Durchführbarkeit dieses Programms in Zweifel stand, so ergaben sich die oben angedeuteten Probleme und schließlich die Notwendigkeit einzugestehen, daß noch nicht einmal für die in ihrer Bewährung außer Zweifel stehende klassische Mechanik eine vollständige, explizite Festlegung ihrer Grundbegriffe vorzufinden oder nachzuzeichnen war.

Es wurde die Hilfskonstruktion der „theoretischen" Begriffe eingeführt, die nur durch ihren logisch-syntaktischen Bezug zu anderen Begriffen einer Theorie in ihrer Verwendung festgelegt sein sollten, jedoch keinen direkten Bezug zur empirischen Beobachtungsbasis haben mußten. Ein zweiter Rückzugsschritt bestand in dem Eingeständnis, daß auch die Beschreibung einfacher Beobachtungen in „theoriegeladenen" Begriffen stattfinde und stattfinden müsse. So wurden immer neue semantische Hilfskonstruktionen erdacht, die schließlich in einer engen Verknüpfung eines semantischen und eines geltungstheoretischen „Holismus" (von griechisch *holon*, das Ganze) bestanden. Nur Theorien als ganze sollten Geltung haben können oder nicht – im Unterschied zu einzelnen ihrer Sätze, deren isolierte Prüfbarkeit abgelehnt wurde. Und nur die Begriffe der Theorie als ganzer sollten, im Geflecht dieser Theorie, Bedeutung haben, nicht jedoch isolierte einzelne von ihnen, oder auch eine einzelne Gruppe von Grundbegriffen.

Zwar wurde in den letzten Schriften der Vertreter des Wiener Kreises noch zugestanden, daß zu Syntax und Semantik als Disziplinen der logischen Analyse von Wissenschaften eine „Pragmatik" hinzutreten müsse, die die Verfahren der Naturwissenschaften berücksichtige. Dies hat jedoch nichts am prinzipiell sprachzentrierten Charakter dieser Philosophie geändert: Naturwissenschaften wurden allein in Form ihrer anerkannten Theorien analysiert und diskutiert.

Eine vor allem im deutschen Sprachraum sehr einflußreich gewordene philosophische Richtung hat sich parallel, und in vielen Hinsichten von den gleichen Prämissen ausgehend wie der Wiener Kreis, entwickelt, nämlich der *Kritische Rationalismus Karl Poppers*. Der wichtigste Unterschied zu Carnap, Reichenbach und anderen Philosophen des Logischen Empirismus bestand für Popper darin, ein induktives Vorgehen in den Naturwissenschaften für unbegründbar zu halten und statt dessen ein *deduktives Vorgehen* im Rahmen eines „Falsifikationismus" als adäquate Beschreibung der Naturwissenschaften zu behaupten. Danach formulierten Naturwissenschaftler allgemeine Hypothesen, die sie an Widerlegungsversuchen einer Bewährungsprobe unterwürfen. Die Geltung naturwissenschaftlicher Theorien sei nicht mehr als eine *Bewährtheit* relativ zu erfolglos verlaufenen, empirischen Widerlegungsversuchen. Und die Abgrenzung der wissenschaftsfähigen Aussagen von den metaphysischen oder spekulativen liege darin, daß prinzipiell Falsifizierbarkeit bestünde, d.h. daß wissenschaftliche Aussagen (außer den logisch-mathematischen) an Erfahrung sollten scheitern können.

Der Erfolg Poppers ist eindrucksvoll darin zu sehen, daß nicht nur viele Naturwissenschaftler ihr eigenes Selbstverständnis angemessen darin expliziert finden; die Philosophie des Kritischen Rationalismus hat auch als der wahrscheinlich wichtigste Weg gewirkt, das (vermeintliche) Vorbild der erfolgreichen Naturwissenschaften auf andere Disziplinen wie z.B. Psychologie, Sozialwissenschaften, Wirtschaftswissenschaften und andere zu übertragen.

Aber auch für die Philosophie Poppers gilt, daß sie die historisch vorfindlichen Theorien mit den Mitteln der Logik rekonstruiert und an den Rekonstrukten auszuweisen versucht, in welchem Sinne die tatsächlich historisch anerkannten Theorien relativ zur empirischen Beobachtungsbasis die bestmöglichen, d.h. die vom höchsten Bewährungsgrad sind. Auch hier werden die *Naturwissenschaften* praktisch ausschließlich *als Sprachphänomen*, d.h. als Theorien analysiert und diskutiert.

Dem Logischen Empirismus wie dem Kritischen Rationalismus fehlt jede Berücksichtigung der Tatsache, daß die Gegenstände der analysierten Wissenschaften einen Entstehungszusammenhang im Handeln von Menschen haben, das nicht auf sprachliche Handlungen begrenzt ist. Die bei Popper zuerst auftretende Unterscheidung eines Entdeckungszusammenhangs, der dem Begründungszusammenhang gegenübergestellt wird, verweist diesen in den Bereich der Forscherpsychologie oder der Wissenschaftsgeschichtsschreibung, die nichts mit dem Ausweis der Geltung (Begründungszusammenhang) zu tun hätten. Dies ist wohl der deutlichste Hinweis (neben unzähligen anderen in den Schriften des Logischen Empirismus und des Kritischen Rationalismus), daß einem *Konstitutionszusammenhang der Gegenstände* der Naturwissenschaften keine Bedeutung beigemessen wurde, ja, daß dies überhaupt nicht als ein wissenschaftstheoretisches oder erkenntnistheoretisches Problem erkannt wurde.

Die Folge ist ein *dreifaches Defizit*, nämlich ein Defizit in (1) pragmatischer, in (2) normativer und in (3) kulturalistischer Hinsicht.

Zu (1): Das *pragmatische Defizit* der linguistisch fixierten Wissenschaftstheorie besteht darin, dem gesamten Bereich des nichtsprachlichen Handelns mit seinen eigenen Formen der Rationalität keinen systematischen Platz in der Wissenschaftstheorie einzuräumen. Dabei ist es selbstverständlich auch für die linguistischen Wissenschaftstheoretiker unkontrovers gewesen, daß die Naturwissenschaften unter anderem durch nichtsprachliches Handeln betrieben werden und zustande kommen, und daß in diesem Sinne naturwissenschaftliche Erfahrung auf ein *technisches Fundament* des Beobachtens, Messens und Experimentierens *angewiesen* ist. Hier sei auf Teil II dieses Buches zurückverwiesen, wo nicht nur die Unverzichtbarkeit des poietischen Handelns, sondern auch in der Theoriebildung die Unverzichtbarkeit des Prinzips der methodischen Ordnung für ein Reden über dieses Handeln dargestellt und begründet sind.

Zu (2): Das *normative Defizit* zeigt sich am Ignorieren der Tatsache, daß naturwissenschaftliche Erfahrung wegen ihrer *de facto* erhobenen und eingelösten Ansprüche auf Nachvollziehbarkeit immer an *Geräten* (Apparaten, Instrumenten) gewonnen werden. Diese sind nicht nur von Menschen ersonnen, konstruiert, gebaut und verwendet und in diesem Sinne Kunstgegenstände (Artefakte). Sie verdanken sich auch *in ihren entscheidenden*, d.h. für den Naturforscher unverzichtbaren *Eigenschaften* gerade den *technischen Zwecksetzungen* der Wissenschaftler. Mit anderen Worten, eine adäquate Beschreibung der die Naturforschung tragenden Technik ist nur möglich über die *Systeme von Normen*, die bei der Herstellung und Verwendung von Geräten deren Funktionieren, terminologisch, deren „Ungestörtheit" festlegen. Hier sei an das in Teil II erläuterte Argument erinnert, daß sogenannte Naturgesetze nicht zwischen gestörten und ungestörten Geräten zu unterscheiden erlauben, und daß die zu unbrauchbaren Ergebnissen führenden Gerätestörungen nur ein Verfehlen menschlicher Zwecke, nicht aber einen Widerspruch zu empirischen, naturwissenschaftlichen Gesetzen darstellen.

Zu (3): Das *kulturalistische Defizit* zeigt sich darin, daß zwar die sprachfixierten Wissenschaftstheoretiker immer wieder versucht haben, an Theorien den naturwissenschaftlichen Erkenntnisfortschritt zu definieren, eine Bemühung, die unter dem Schlagwort „Theorienvergleich" bis heute von einigen Wissenschaftstheoretikern betrieben wird. Darüber wurde aber jede Einbettung der Naturwissenschaften in eine außer-naturwissenschaftliche Kultur und deren Geschichte vernachlässigt. Schon das menschliche Individuum, das sich in Studium und Beruf in die Naturwissenschaften einarbeitet und dann als Forscher tätig ist, ist nicht der kulturlose *homo sapiens sapiens* der Biologen; er ist ein Mensch, der über sein Hineinwachsen in die menschliche Gemeinschaft mit dieser eine bestimmte Alltagssprache, eine Fülle historisch gewachsener Meinungen und eine große Zahl von persönlichen Fertigkeiten und Fähigkeiten teilt, die ihrerseits nur auf einer bestimmten, häufig sogar selbst durch Naturwissenschaften mitgeprägten Kulturhöhe verfügbar sein können. Darüber hinaus verfügt jede *menschliche Gemeinschaft auf einer bestimmten Kulturhöhe* über ein großes Repertoire außerwissenschaftlicher praktischer Fähigkeiten und Fertigkeiten, wie sie insbesondere die im täglichen Leben hervorgebrachte und genutzte Technik darstellen. Die gesamte Handwerks-, Ingenieurs- und industrielle Fabrikationskunst hochtechnischer Produkte bildet einen Hintergrund, der auch für die naturwissenschaftliche Forschung verfügbar und, häufig genug, unverzichtbar ist. Kurz, selbst wenn man den Bereich der moralischen und politischen Aspekte außer acht läßt, in denen eine Wechselbeziehung zwischen naturwissenschaftlicher Forschung und Gesellschaft in Betracht kommen, hat die sprachzentrierte Wissenschaftstheorie wegen ihres affirmativen Charakters und wegen ihres pragmatischen und normativen Defizits *keinen Zugang zu kulturellen Bedingungen* sowohl der tatsächlich stattfindenden Forschung als auch einer philosophisch nachträglich Explikation eingelöster Geltungsansprüche.

Kurz lassen sich diese Defizite auch in die Form bringen, daß die sprachfixierten Wissenschaftstheorien des Logischen Empirismus und des Kritischen Rationalismus *den Gegenstand der Naturwissenschaften schlicht vergessen* haben. Dieser Gegenstand ist die Fülle der von naturwissenschaftlichen Forschern durch poietisches Handeln nach normierten Zwecken hervorgebrachten Dinge und Sachverhalte und ihre begriffliche Fassung vor aller naturwissenschaftlichen Erfahrung.

4. Die Relativierung der Naturwissenschaften

Die Wissenschaftstheorie der mathematischen Naturwissenschaften hatte sich in den Traditionen des Logischen Empirismus und des Kritischen Rationalismus zu einer Spezialdisziplin entwickelt, die – häufig in einer Darstellung mit einem gewaltigen Formelaufwand – in ihrer letzten Form eine „strukturalistische“ Wissenschaftstheorie geworden war („strukturalistisch“, weil nur noch die formalen Strukturen von Theorien aufgesucht und diskutiert wurden). Zu welchen Ablösungen von jeder nachvollziehbaren naturwissenschaftlichen oder philosophischen Geschichte es dabei kam, mag illustrieren, daß

Wolfgang Stegmüller den Hauptautor der strukturalistischen Auffassung, John D. Sneed, mit Immanuel Kant verglich.)

Dabei war an nahezu allen Themen dieser Form von Wissenschaftstheorie erkenntlich, daß sie nur noch *Probleme* bearbeitete, die sie in ihrer *eigenen Tradition selbst produziert* hatte, die aber nicht Probleme der Naturwissenschaftler (oder nachdenklicher Laien) waren. Daneben hatten sich aber, neben der traditionell immer schon betriebenen Wissenschaftsgeschichtsschreibung, auch Disziplinen wie die Wissenschaftssoziologie und eine Wissenschaftswissenschaft etabliert, die den engeren Rahmen der Analyse von Theorien verlassen hatten und Wissenschaften als historisches und soziales Phänomen diskutierten.

In dieser Situation war dem Buch *Die Struktur wissenschaftlicher Revolutionen* von *Thomas S. Kuhn* (im englischen Original 1962, deutsch 1967) ein überwältigender Erfolg beschieden: Dem Popperschen Gedanken einer kumulativen Vermehrung naturwissenschaftlichen Wissens durch Erhöhung des Falsifizierbarkeitsgrades ihrer Theorien wurde eine Auffassung vom *Paradigmenwechsel* in der Geschichte der Naturwissenschaften gegenübergestellt. Danach verlaufe deren Entwicklung gleichsam in Schüben zwischen Phasen einer normalen Forschung, in der die Forscher mit der Lösung von Rätseln und mit Aufgaben im Rahmen eines sogenannten „Paradigmas" beschäftigt sind. Erst wenn sich dieses als unzureichend erweist und ein neues Paradigma entwickelt wird, geraten Einzelwissenschaften in die Krise und durchlaufen ein Stadium des revolutionären Umbruchs. Dabei spielen nicht nur Theorien im engeren Sinne, sondern auch andere Aspekte eines Paradigmas wie die von einer Wissenschaftlergemeinschaft geteilten Spielregeln, Publikationsstile, Anerkennung von Grundlagenliteratur oder von thematischen Schwerpunktsetzungen usw. eine leitende Rolle.

Historisch gesehen waren die Einfälle von Kuhn weniger neu, als sie manchem erschienen. Schon der Physiker Max Planck hatte ein halbes Jahrhundert vorher behauptet, Theorien würden in der Physik andere Theorien dadurch ablösen, daß die Anhänger der älteren allmählich aussterben. Und für das Gebiet der Medizin hat am Beispiel des Durchbruchs einer erfolgreichen Therapie der Syphilis schon der Mediziner *Ludwik Fleck* (1896–1961) weitgehend ähnliche Auffassungen zum naturwissenschaftlichen Fortschritt entwickelt und beschrieben (1935/36). Es war wohl eine gewisse, hermetische Abgeschlossenheit einer im wesentlichen englischsprachigen wissenschaftstheoretischen Diskussion, die das Kuhnsche Buch über die Struktur wissenschaftlicher Revolutionen gerade revolutionär gegenüber der Tradition der Wissenschaftstheorie in der sprachfixierten Form selbst erschienen ließen. Die sich anschließende, teilweise aufgeregte Diskussion um einen vermeintlichen oder tatsächlichen Verlust der Rationalität der naturwissenschaftlichen Entwicklung läßt sich, über Reparaturversuche des Popper-Schülers Imre Lakatos mit einer Harmonisierung der Popperschen und der Kuhnschen Vorschläge im Rückblick folgendermaßen charakterisieren:

Kuhn hatte mit Verweis auf mehrere wissenschaftshistorische Beispiele aus Astronomie, Physik und Chemie ins Bewußtsein gehoben, daß Wissenschaft *von Menschen unter historischen Bedingungen* betrieben wird. Dies führt zu Relativierungen naturwissenschaftlicher Ergebnisse auf Personengruppen, sogenannte *„scientific communities"*, und auf Zeiten, in denen in einer Wissenschaftlergemeinschaft ein bestimmtes Paradigma geteilt wird. Es blieb dann einer an Kuhn anschließenden Diskussion überlassen, ob die historische Entwicklung der Naturwissenschaften über Paradigmenwechsel noch als ein Erkenntnisfortschritt – nun sprunghaft statt kontinuierlich – interpretiert wurde, oder aber als eine historische Abfolge, in der einzelne Paradigmen voneinander so verschieden und miteinander so wenig vergleichbar sind, daß sich nicht mehr begründen oder beurteilen läßt, ob Paradigmenwechsel einen (rationalen) Fortschritt darstellen oder nicht. Unabhängig davon wurde in der Tradition der die historisch vorfindlichen Wissenschaften lediglich analysierenden und beschreibenden Wissenschaftstheorie anerkannt, daß die älteren Rationalitätshoffnungen des Wiener Kreises und des Kritischen Rationalismus aufzugeben seien zugunsten einer *historischen und sozialen Relativierung*.

Eine genauere Betrachtung der Schriften von Kuhn zeigt jedoch, daß sich dort die *Sprachfixierung* der Carnapschen und der Popperschen Philosophie trotz der Erweiterung auf die historische und soziologische Perspektive erhalten haben. Paradigmen werden nämlich weitgehend sprachgebunden charakterisiert, und Wissenschaftlergemeinschaften dadurch definiert, daß sie im Besitz eines bestimmten Paradigmas sind. Insbesondere wurde eine ausgedehnte Debatte über eine sogenannte „Inkommensurabilität" von Paradigmen angestoßen, die weitgehend am Kriterium der Unübersetzbarkeit der Terminologien verschiedener Paradigmen ineinander definiert wurde. Mit anderen Worten, Anhänger verschiedener Auffassungen können einander nicht verstehen, weil sie verschiedene Sprachen sprechen.

Gegen diese Sprachfixierung läßt sich einwenden, daß die von Kuhn diagnostizierten Inkommensurabilitäten als Begleiterscheinung von Paradigmenwechseln der Tatsache nicht Rechnung tragen, daß allen Paradigmenwechseln zum Trotz das *technische Fundament* der naturwissenschaftlichen Laborforschung und Beobachtungskunst einen eigenständigen, *kumulativen Zuwachs an technischem Handlungswissen* durchlaufen. Die Geschichte der Meß-, Beobachtungs- und Experimentierkunst ist von einem durchgängigen Anwachsen der technischen und begrifflichen Beherrschung von Parametern, Genauigkeiten und experimentellen Effekten gekennzeichnet. Wo immer also de facto Inkommensurabilitäten paradigmenabhängiger Sprachen diagnostiziert werden, kann durch Rückgriff auf die technische Basis der Forschung Inkommensurabilität behoben werden.

Letztlich ergibt sich hier dieselbe Diagnose wie in der Kritik der sprachfixierten Philosophien des vorigen Abschnitts: Das Problem der Gegenstandskonstitution in der naturwissenschaftlichen Forschung wurde durch Kuhn wohl nicht gesehen, schon gar nicht angemessen berücksichtigt. Zwar wird man kaum etwas im Rahmen der Beschreibung naturwissenschaftlicher Forschung nennen können, was nicht bei Kuhn irgendwie erwähnt ist. Aber daß Menschen, die in einer lebensweltlichen Praxis stehen, nach Zwecken handelnd durch Technik Dinge und Sachverhalte produzieren, deren Eigenschaften über Normen festgelegt und mit technischem Aufwand herbeigeführt oder aufrechterhalten werden, spielt in der Auffassung Kuhns keine Rolle.

Der gravierendste Einwand aber ist, daß damit ein Rückzug wissenschaftsphilosophischer Analysen auf die *bloß faktische Anerkennung eines Paradigmas* durch die Fachwissenschaftler stattfindet. Das heißt, eine philosophisch-erkenntniskritische Erörterung, ob *Geltungsansprüche*, die von Naturwissenschaftlern mit ihren Theorien oder Paradigmen verbunden werden, auch *zurecht erhoben* werden, findet nicht statt. Die Wissenschaftstheorie und Wissenschaftsgeschichtsschreibung verbleiben strikt in einer beschreibenden Distanz zu allen Aufgaben erkenntnistheoretischer Beurteilung. Damit werden die in den Selbstverständnissen von Naturwissenschaftlern tatsächlich vorhandenen Geltungsansprüche ebenso verfehlt wie die Begründungs- und Rechtfertigungsmöglichkeiten und -leistungen der philosophischen Tradition.

Dessen ungeachtet bleibt es ein Verdienst Kuhns, die Wissenschaftstheorie der Naturwissenschaften aus der mit einer generellen Rationalitätsunterstellung arbeitenden Form des Wiener Kreises und des Kritischen Rationalismus herausgeführt zu haben. Zugleich wurden Formen der Wissenschaftsgeschichtsschreibung, die Naturwissenschaften als Chronologie einzelner Genieleistungen relativ zur heute anerkannten Theorienhöhe gefaßt haben, durch eine enge *Verbindung von Geschichtsschreibung und Wissenschaftstheorie* ersetzt. So vertreten Anhänger und Verfechter der Kuhnschen Auffassung die These, Kuhn selbst sei der erfolgreichste Wissenschaftstheoretiker des 20. Jahrhunderts (und nicht nur etwa ein erfolgreicher Theoretiker der Wissenschaftsgeschichtsschreibung). Diese Auffassung markiert immerhin den Umstand, daß damit Wissenschaftstheorie, wenn auch in einer die Naturwissenschaften historisch und soziologisch relativierenden Form, immer noch als Aufgabe gesehen und betrieben wurde.

5. Die Relativierung der Wissenschaftstheorie

Eine solche Wertschätzung der Wissenschaftstheorie ging jedoch gänzlich verloren im Rahmen einer *anarchistischen Erkenntnistheorie*, wie sie *Paul K. Feyerabend* entwickelt hat. Sein im deutschen Sprachraum wohl prominentestes Buch *Wider den Methodenzwang. Skizze einer anarchistischen Erkenntnistheorie* (1976, englisches Original 1975), das sich wie Kuhn primär an einer Kritik der Philosophie Karl Poppers abarbeitet, ging nicht nur in der Destruktion von Rationalitätsansprüchen der Naturwissenschaften weiter als Kuhn, sondern bezeichnete schließlich jede Wissenschaftstheorie in der Tradition Poppers oder des Logischen Empirismus selbst als eine „bisher unbekannte Form des Irreseins“, als „Tumor“, und die Kontroverse zwischen Popper und Kuhn als „Froschmäusekrieg“.

Im Ergebnis läßt sich Feyerabends Auffassung auf die These bringen, daß die modernen Naturwissenschaften im Prinzip nicht besser oder anders sind als aristotelische Naturwissenschaft, als Mythos, als Religion. Wo Wissenschaftstheoretiker „wie die Vertreter einer allein selig machenden Kirche“ reagieren, sobald die Rationalität der Naturwissenschaften angegriffen wird, erweise sich diese selbst als ein anarchistisches Unternehmen. Das heißt, je weniger eingeengt durch methodologische Regeln und Normen, und z.B. durch die Zulassung innerer Widersprüche sie voranschreitet, desto produktiver und kreativer wird sie sein.

Wie bei Kuhn nimmt auch bei Feyerabend die Inkommensurabilität von Theorien einen wichtigen systematischen Ort ein (wenn davon überhaupt die Rede sein darf, nachdem Feyerabend keine Methodologie durch eine neue ersetzen möchte), allerdings in einer eher entgegengesetzten Richtung: War bei Kuhn die Inkommensurabilität zweier Paradigmen Ausdruck der Schwierigkeit, zwei Paradigmen zu vergleichen und damit zu entscheiden, ob ein Paradigmenwechsel einen Erkenntnisfortschritt darstelle, so hält Feyerabend inkommensurable Theorien in ihrem Wert für durchaus vergleichbar, und Inkommensurabilität weniger für ein Zeichen eingeschränkter Rationalität der Naturwissenschaften als deren Produktivität. Allerdings ist dabei von „Rationalität" in einer Weise die Rede, die ihrerseits durch den erkenntnistheoretischen Anarchismus nach dem Motto *„anything goes"* (alles geht) verstanden wird. So hört Feyerabend nicht auf zu betonen, „vernünftig" sei, was Vielfalt und Erneuerung hervorrufe.

Eingebettet ist diese von der Wissenschaftstheorie zu einer allgemeinen, nämlich in ihren Anwendungen nicht eingeschränkten Erkenntnistheorie in Vorstellungen der Freiheit der Lebensformen – so sehr, daß sich die Geschichte der Wissenschaftstheorie von den ersten, empiristischen Anfängen bei Ernst Mach bis zu ihrer Auflösung durch Feyerabend auch schreiben ließe als eine *Geschichte der Auffassungen*, wie eine *offene Gesellschaft mit freien Menschen* zu sehen sei.

Wird Mach von Feyerabend noch zitiert mit den Sätzen „Die Wissenschaft ist zu einer Kirche geworden" und „Die Gedankenfreiheit ist mir lieber" (*Wider den Methodenzwang*, S. 12) so zeigt eine von Rudolf Carnap, Hans Hahn und Otto Neurath verfaßte Schrift „Wissenschaftliche Weltauffassung – der Wiener Kreis", daß eine „wissenschaftliche Weltauffassung" sich als Reformunternehmen des öffentlichen Lebens zur Befreiung seiner Mitglieder versteht: „Wir erleben, wie der Geist wissenschaftlicher Weltauffassung in steigendem Maße die Formen persönlichen und öffentlichen Lebens, des Unterrichts, der Erziehung, der Baukunst durchdringt, die Gestaltung des wirtschaftlichen und sozialen Lebens nach rationalen Grundsätzen leiten hilft. Die wissenschaftliche Weltauffassung dient dem Leben und das Leben nimmt sie auf." (Veröffentlichungen des Vereins Ernst Mach, Wien 1929)

Popper propagiert eine „offene Gesellschaft" und sieht ihre Feinde in Philosophien und Wissenschaften, die seinen eigenen Rationalitäts- und Abgrenzungskriterien von Wissenschaftlichkeit durch kritische Prüfung und Falsifikation an Erfahrung nicht genügen. Und Feyerabend diskreditiert Rationalität als Doktrin liberaler Intellektueller, denen die enge Verbindung von Staat und Wissenschaft nicht zum moralischen und politischen Problem geworden ist.

Auch wenn diese verkürzenden und vereinfachenden Bemerkungen den durchaus differenzierteren Argumentationsgängen und den in ihnen zum Ausdruck kommenden Anliegen nicht vollständig gerecht werden können, läßt sich behaupten, daß die Geschichte der Wissenschaftstheorie nicht als die Geschichte eines streng abgegrenzten, gegen kulturgeschichtliche Entwicklungen isolierten Wissenszweigs gesehen werden muß. Es waren wenigstens der Absicht nach immer *aufklärerische Motive*, die den Empirismus Machs, den Sprachzentrismus des Wiener Kreises, den Kritischen Rationalismus Poppers, die historischen und soziologischen Relativierungen Kuhns und schließlich den Anarchismus Feyerabends getragen haben. So läßt sich eine Philosophie der Naturwissenschaften nicht auf eine Lehre von einigen wenigen, speziellen Methoden reduzieren, die genau das beschreiben, erfassen oder rekonstruieren, was (in einer bestimmten Sichtweise) gegenwärtig als höchstentwickelte Naturwissenschaft vorzufinden ist. Auch die vorliegende „Kleine Philosophie" ist von einem Rationalitäts- und Aufklärungsoptimismus getragen, der Wissen für besser hält als Nichtwissen, Nachdenklichkeit für besser als Aktionismus, philosophische Bemühungen um Wahrheit für besser als einen dogmatischen oder geschmäcklerischen Relativismus. Denn die Irrtumsmöglichkeiten der Relativisten, Anarchisten oder Empiristen sind nicht geringer als die aller anderen Richtungen auch.

Überschrieben ist dieser Teil III der historischen Bemerkungen zur Wissenschaftstheorie mit dem Titel „Der vergessene Gegenstand". Damit sollte, im Anschluß an die Rekonstruktion von Rationalität als allgemeine Form von Wissenschaftlichkeit und an die Konstitution von Gegenständen der Naturwissenschaften im zweiten Teil, zum Ausdruck gebracht werden, daß rund hundert Jahre Geschichte einer bestimmten wissenschaftstheoretischen Tradition (und Mehrheitsmeinung) das Konstitutionsproblem der Naturwissenschaften vernachlässigt hat. Die Gegenstände der Naturwissenschaften unterliegen –

und dies ist dabei übersehen worden – in ihrem Zustandekommen eben nicht oder nicht allein den Bedingungen Machscher Empfindungen, Carnapscher oder Neurathscher Protokollsätze, beobachtungs- oder theoriesprachlicher Beschreibungen, Popperscher Falsifikation, Kuhnscher Paradigmenakzeptanz oder Feyerabendscher Kreativitäts- und Pluralitätsphantasien. Der Mensch als prinzipiell bedürftiges, nur in Gemeinschaft überlebensfähiges Wesen, das zweckrational handeln kann und erfolgreich handelt, ist nicht auf die Welt von Theorie und Empirie oder seiner *scientific community* beschränkt.

So ist die Kulturgeschichte, zu der immer auch die Geschichte der Naturwissenschaften gehört, von der Entwicklung der Wissenschaftstheorie weitgehend unbeeindruckt verlaufen. Die mathematischen und die Naturwissenschaften haben in dieser Zeit eine stürmische Entwicklung von Erkenntnissen ebenso wie von Methoden genommen. Zwar könnte Feyerabend darauf verweisen, daß die öffentliche Wertschätzung der Naturwissenschaften in den letzten zwei Generationen erheblich abgenommen hat und antinaturwissenschaftliche Konkurrenzen in vielen Bereichen wie Medizin, Ökologie, Ernährung, Naturbeschreibung usw. Zulauf haben. Die geistige Welt scheint von einer Relativierungsmanie erfaßt, die keinen Bereich des kulturellen Lebens ausspart. Aber soll man daraus schließen, daß ein Festhalten der Naturwissenschaften an Geltungsansprüchen von Beschreibungen und Erklärungen nur noch ein grandioses, vielleicht produktives Selbstmißverständnis ist?

Ein Motiv, der vorherrschenden Meinung der Wissenschaftsphilosophie in ihren Wandlungen während der letzten hundert Jahre eine andere, methodische und kulturalistische Philosophie entgegenzusetzen, ist die Tatsache, daß jene Philosophie *die lebensweltliche Konstitution der Gegenstände* vergessen hat, von denen die Naturwissenschaften handeln. Ihnen ist damit vor allem das *technische Fundament der Naturwissenschaften* entgangen, das seinerseits eine *eigene Fortschrittsgeschichte* durchläuft. Diese soll, um die Einsprüche gegen die empiristische und analytische Tradition der Wissenschaftstheorie zu fundieren und andererseits einen weiteren Zusammenhang der in den Teilen I und II vorgestellten methodischen Philosophie herzustellen, in einer Schlußbemerkung dargestellt werden.

Teil IV
Naturwissenschaft als Kulturleistung

Faßt man unter Technik das zweckrationale Hervorbringen von Dingen und Ereignissen durch handwerkliches, poietisches Handeln, so ist damit zugleich ein außerwissenschaftlicher, für das Überleben des Menschen unverzichtbarer Bereich seiner Lebensbewältigung durch alle Stufen der Zivilisation und Kultur hindurch benannt. Von der Urgeschichte der Herstellung von Bekleidung, Nahrungsmitteln, Werkzeugen, Waffen und Behausungen bis zur High-tech-Zivilisation produziert der Mensch, in wachsender Arbeitsteilung, Artefakte zum Zweck seiner Bedürfnisbefriedigung – einschließlich der schlimmsten Waffen und Folterwerkzeuge. Technisches Gerät, durch die Zwecke ihrer Urheber und Verwender definiert und nach ihnen realisiert, ist gerade als Zwecksetzung moralischen und politischen Beurteilungen unterworfen.

Unabhängig von (und methodisch vor) moralischer und politischer Rechtfertigung ist Technik *nach Kriterien der Zweckrationalität* als Mittel zu beurteilen. Diese Beurteilung, beschränkt auf den kognitiven oder theoretischen Bereich, lassen Aspekte des technischen Handelns erkennen, die der gesamten, im vorangegangenen Teil erwähnten Wissenschaftsphilosophie verborgen geblieben oder unwichtig erschienen sind: Es gelten nicht nur eigene Formen der Rationalität, wie sie im *Prinzip der methodischen Ordnung* expliziert wurden und den *Übergang von der sprachfreien, technischen Praxis* (auch des Naturforschers) *zur sprachlichen Darstellung* in Theorien leitet, sondern auch ein kumulativer oder Fortschrittsaspekt, der zumindest den Relativierungen der Naturwissenschaften durch Kuhn und Feyerabend zuwiderlaufen und von den älteren Ansätzen gänzlich ignoriert wurden.

Technikgeschichte ist nicht eine chronologische Abfolge verschiedener Praxen, die sich zueinander verhalten wie die Kuhnschen Paradigmen oder inkommensurable Lebensformen. Technikgeschichte ist vielmehr in einem gewissen Sinne eine *Erfolgs- und Fortschrittsgeschichte* insofern, als technisch erreichte Zwecke immer Mittel für neue Zwecke bereitstellen und die Beherrschung der alten dabei nicht verloren geht. Wo z.B. das Rad erfunden ist und benutzt wird, wo sich daran die Erfindung des Zahnrades und der Getriebe anschließt und daran eine mechanische Kunst, bei der jeweils die späteren Entwicklungen auf die früheren aufbauen, ist ein technischer Fortschritt ebenso unzweifelhaft festzustellen wie etwa in der für die Naturwissenschaften so wichtigen Beobachtungs-, Meß- und Experimentierkunst. Sollten durch neue technische Entwicklungen alte in den Hintergrund treten oder nicht benutzt werden – wie etwa die mechanische Rechenmaschine im Zeitalter der elektronischen –, so werden an den alten Entwicklungen *keine Falsifikationen* im Popperschen Sinne vorgenommen, *keine Behauptungen widerlegt* und *keine revolutionären Paradigmenwechsel* vollzogen. Technisches Vermögen ist strikt kumulativ.

Was für den Bereich der Technik im engeren Sinne (Geräte, Produkte poietischen Handelns) gilt, ist für technische Rationalität im weiteren Sinne ebenfalls gültig: Ob es die nach Zweckrationalität strukturierten Bereiche des Treibens von Wirtschaft, der Erfindung des Geldes und aller sich anschließenden Erfindungen und Institutionen sind, oder Entwicklungen der Sprache, des Verkehrswesens, oder anderer Bereiche menschlicher Zivilisation, es lassen sich immer *Errungenschaften zweckrationalen Handelns* nennen, die eine *Kulturhöhe* markieren, hinter die ihre Träger weder zurückwollen noch können. Ein einmal erreichtes Handlungsvermögen kann zwar durch Veränderungen von allgemeinen oder individuellen Lebensverhältnissen als weniger wünschenswert oder weniger wertvoll, als überholt oder schädlich gelten – es wird nicht mehr als ein einmal erreichtes Handlungsvermögen verloren.

Für eine philosophische Betrachtung der Naturwissenschaften heißt dies, daß deren Resultate nicht angemessen erfaßt werden, wo sie als (passive) Erfahrungen, als sprachlich-theoretische Resultate, als gruppenrelative Paradigmen oder als mit Frechheit durchgesetzte Formen eines speziellen Konkurrenzmythos betrachtet werden. Naturwissenschaften beziehen ihre Gegenstände aus vor- und außerwissenschaftlichen Praxen und entwickeln sie durch Verfeinerung von Methoden im technischen wie im begrifflichen Bereich zweckrational weiter. Alle *Resultate der Naturwissenschaften*, seien sie als technisches Verfügungswissen oder als theoretisches Erklärungs- und Prognosewissen gefaßt, unterliegen der Kritik nach Kriterien der Zweckrationalität der Handlungen ihrer Urheber. Sie sind *Kulturleistungen* nicht zuletzt in der Perspektive, daß sie immer schon auf einer bestimmten Kulturhöhe technischen und begrifflichen Verfügens als Mittel für (dieser Kulturhöhe angemessene) Zwecke entwickelt werden. Und sie sind ein Teil kultureller Errungenschaften, die genau und gerade als solche – wegen ihrer Orientierung auf Zwecke hin – nach einer moralischen und politischen Legitimation dieser Zwecke verlangen und fähig sind.

Literaturverzeichnis

Zu Teil I, II und IV

Die folgenden Angaben betreffen weiterführende und vertiefende Literatur zu den in diesem Buch entwickelten Auffassungen. Sie sind kein Überblicksverzeichnis der Literatur zur Wissenschaftstheorie schlechthin.

Böhme, Gernot (Hrsg.): Protophysik. Für und wider eine Konstruktive Wissenschaftstheorie der Physik, Frankfurt a. M. 1976.

Böhme, Gernot: Am Ende des Baconschen Zeitalters. Studien zur Wissenschaftsentwicklung, Frankfurt a. M. 1993.

Gethmann, Carl Friedrich: Protologik, Frankfurt a. M. 1979.

Gethmann, Carl Friedrich (Hrsg.): Theorie des wissenschaftlichen Argumentierens, Frankfurt a. M. 1980.

Grunwald, Armin: Das lebensweltliche Apriori in der Begründung technikwissenschaftlicher Sätze, in: Banse, G., Friedrich K. (Hrsg.): Technik zwischen Erkenntnis und Gestaltung, Berlin 1996, S. 51–75.

Gutmann, Mathias: Modelle als Mittel wissenschaftlicher Begriffsbildung: Systematische Vorschläge zum Verständnis von Funktion und Struktur, in: Gutmann, W. Fr., Weingarten, M. (Hrsg.): Die Konstruktion der Organismen II. Kohärenz, Struktur und Funktion, Frankfurt am Main 1995, S. 15–38.

Gutmann, Mathias: Die Evolutionstheorie und ihr Gegenstand. Beitrag der Methodischen Philosophie zu einer konstruktiven Theorie der Evolution, Berlin 1996.

Gutmann, Mathias, Weingarten, Michael: Artbegriffe und Evolutionstheorie. Die Erzeugung der Arten und die Art der Erzeugung, in: Carolinea 1993, Beiheft 8, S. 60–74.

Gutmann, Mathias, Weingarten, Michael: Kann Erkenntnistheorie in Naturwissenschaft aufgelöst werden?, in: Bien, G., Gil, T., Wilke, J. (Hrsg.): Natur im Umbruch, Stuttgart 1994, S. 91–108.

Hanekamp, Gerd: Chemismus – der Mensch als chemische Reaktion, in: Janich, Peter (Hrsg.): Philosophische Perspektiven der Chemie – 1. Erlenmeyer-Kolloquium der Philosophie der Chemie, Mannheim, Leipzig, Wien, Zürich 1994, S. 115–126.

Hartmann, Dirk: Konstruktive Fragelogik. Vom Elementarsatz zur Logik von Frage und Antwort, Mannheim, Wien, Zürich 1990.

Hartmann, Dirk: Naturwissenschaftliche Theorien. Wissenschaftstheoretische Grundlagen am Beispiel der Psychologie, Mannheim, Leipzig, Wien, Zürich 1993.

Hartmann, Dirk: Konstruktive Sprechakttheorie, in: Protosoziologie, 1993, 4, S. 73–89 u. 200–202.

Hartmann, Dirk: Protowissenschaft und Rekonstruktion, in: Zeitschrift für Allgemeine Wissenschaftstheorie, 1996, 27, 1, S. 55–69.

Janich, Peter: Wissenschaftstheorie als Wissenschaftskritik. Frankfurt 1974, 168 S. (mit F. Kambartel und J. Mittelstraß).

Janich, Peter: Zur Protophysik des Raumes, in G. Böhme (Hrsg.), Protophysik, Frankfurt 1976, S. 83–130.

Janich, Peter: Ist Masse ein „theoretischer Begriff?", in: Allgemeine Zeitschrift für Wissenschaftstheorie VIII/2, 1977, S. 302–314.

Janich, Peter: Die Sprache der Physik und die Wirklichkeit der Naturwissenschaften, in: Dialectica 31 (1977), S. 301–312.

Janich, Peter: Möglichkeiten und Grenzen quantitativer Methoden, in: Müller-Merbach, Quantitative Ansätze in der Betriebswirtschaftslehre, München 1978, S. 191–198.

Janich, Peter: Die Protophysik der Zeit. Konstruktive Begründung und Geschichte der Zeitmessung, Frankfurt 1980.

Janich, Peter: Wissenschaftstheorie und Relevanz. Über den Zusammenhang von Methoden und Planbarkeit einer Wissenschaft am Beispiel der Physik, in: P. Janich (Hrsg.), Wissenschaftstheorie und Wissenschaftsforschung, München 1981, S. 112–134.

Janich, Peter: Natur und Handlung. Über die methodischen Grundlagen naturwissenschaftlicher Erfahrung, in: O. Schwemmer (Hrsg.): Vernunft, Handlung und Erfahrung, München 1981, S. 69–84.

Janich, Peter: Was messen Uhren?, in: alma mater philippina 1982, S. 12–14.

Janich, Peter: Die Eindeutigkeit der Massenmessung und die Definition der Trägheit, in: Philosophia Naturalis 1985 (1), S. 87–103.

Janich, Peter (Hrsg.): Protophysik heute, Sonderheft von Philosophia Naturalis 1985/1, mit Beiträgen von P. Hinst, R. Inhetveen, P. Lorenzen, B. Thüring, H. Tetens und P. Janich.

Janich, Peter: Naturwissenschaft in der Technik und Technik in der Naturwissenschaft, in: C. Burrichter, R. Inhetveen, R. Kötter (Hrsg.),: Technische Rationalität und rationale Heuristik, Paderborn, München, Wien, Zürich 1986. S. 41–52.

Janich, Peter: Naturgeschichte und Naturgesetz, in O. Schwemmer (Hrsg.): Über Natur. Philosophische Beiträge zum Naturverständnis, Frankfurt 1987, S. 105–122.

Janich, Peter: Operationalismus und Empirizität, in: A. Menne (Hrsg.): Philosophische Probleme von Arbeit und Technik, Darmstadt 1987, S. 53–63.

Janich, Peter: Der Zweck heiligt die Mittel. Zum Verhältnis von Wahrheit und Nutzen in den Naturwissenschaften, in: M. Gatzemeier (Hrsg.): Wissenschaftstheorie, Wissenschaft und Gesellschaft, Aachen 1987, S. 68–83.

Janich, Peter: Humanität der Technik und Humanisierung der Naturwissenschaften, in: Zeitschrift für Wissenschaftsforschung Bd. 4 (1988), S. 113–119.

Janich, Peter: Does biology need a relativistic revision? in: W. H. Newton-Smith, W. K. Wilkes (Hrsg.): International Studies in the Philosophy of Science. The Dubrovnik Papers, Vol. 2 Nr. 2 (1989), S. 190–198.

Janich, Peter: Der Natur nach konstruieren. Erkenntnistheorie und Anwendung, in: Frei, Otto u. a. (Hrsg.): Natürliche Konstruktionen, Beiträge zum Internationalen Symposium des SFB 230 Bd. II, Stuttgart 1989, S. 47–55.

Janich, Peter: Euklids Erbe. Ist der Raum dreidimensional? München 1989.

Janich, Peter: Physiology and Language. Epistemological Questions about Scientific Theories of Perception, in: J. Bligh, K. Voigt, Thermoreception und Temperature Regulation, Berlin, Heidelberg, New York, London, Paris, Tokyo, Hongkong 1990, S. 151–163.

Janich, Peter: Naturwissenschaft kulturalistisch verstehen: ein Angebot an die Psychologie? in: G. Jüttemann (Hrsg.): Regelgeleitetes Handeln. Zur Wiederbegründung einer geisteswissenschaftlichen Psychologie, Heidelberg 1991, S. 1–9.

Janich, Peter: Beobachtung und Handlung, in: Hans Poser (Hrsg.): Erfahrung und Beobachtung. Erkenntnistheoretische und wissenschaftstheoretische Untersuchungen zur Erkenntnisbegründung, Berlin 1992, S. 13–34.

Janich, Peter: Grenzen der Naturwissenschaft. Erkennen als Handeln, München 1992.

Janich, Peter (Hrsg.): Entwicklungen der Methodischen Philosophie, mit Beiträgen von: C. F. Gethmann, R. Inhetveen, P. Janich, F. Kambartel, R. Kötter, K. Lorenz, P. Lorenzen, J. Mittelstraß, H. J. Schneider, O. Schwemmer, H. Tetens, Ch. Thiel, U. Weiß, J. Willer, G. Wolters; Frankfurt a. M., 1992.

Janich, Peter: Chemie als Kulturleistung, in: J. Mittelstraß, G. Stock (Hrsg.): Chemie und Geisteswissenschaften. Versuch einer Annäherung. Berlin 1992, S. 161–173.

Janich, Peter: Die Kultur fortschreitender Naturerkenntnis, in: E.-L. Winnacker (Hrsg.): Fortschritt und Gesellschaft, Stuttgart 1993, S. 99–112.

Janich, Peter: Das Leib-Seele-Problem als Methodenproblem der Naturwissenschaften, in: A. Elepfandt, G. Wolters (Hrsg.): Denkmaschinen? Interdisziplinäre Perspektiven zum Thema Geist und Gehirn, Konstanz 1993, S. 39–54.

Janich, Peter: Grenzen der Naturerkenntnis, in: Dialektik 3 (1993), Natur, Naturwissenschaften, Kulturbegriffe, S. 9–21.

Janich, Peter: Der Vergleich als Methode der Naturwissenschaften, in: M. Weingarten, W. F. Gutmann (Hrsg.): Geschichte und Theorie des Vergleichs in den Biowissenschaften. Aufsätze und Reden der Senckenbergischen Naturforschenden Gesellschaft Nr. 40, Frankfurt a.M. 1993, S. 13–28.

Janich, Peter: Zur Konstitution der Informatik als Wissenschaft, in: P. Schefe, H. Hastedt, T. Dittrich, G. Karl (Hrsg.): Informatik und Philosophie, Mannheim, Leipzig, Wien, Zürich 1993, S. 53–68.

Janich, Peter: Mensch und Automat. Philosophische Überlegungen zur technischen Substituierbarkeit des Menschen in: Luft- und Raumfahrt VI (1993), S. 22–26.

Janich, Peter: Biologischer versus physikalischer Naturbegriff, in: G. Bien, Th. Gil, J. Wilke (Hrsg.): „Natur" im Umbruch? Zur Diskussion des Naturbegriffs in Philosophie, Naturwissenschaft und Kunsttheorie, Stuttgart 1994, S. 165–176.

Janich, Peter: Hirnforschung als philosophisches Problem, in: Annals of Anatomy 176 (1994), S. 497–503.

Janich, Peter (Hrsg.): Philosophische Perspektiven der Chemie, 1. Erlenmeyer-Kolloquium zur Philosophie der Chemie, Mannheim, Leipzig, Wien, Zürich, 1994.

Janich, Peter: Der erkenntnistheoretische Status von Prototheorien, in: E. Jelden (Hrsg.): Prototheorien – Praxis und Erkenntnis?, Leipziger Schriften zur Philosophie 1, Leipzig 1995, S. 31–40.

Janich, Peter: Das Experiment in der Psychologie, in: H. P. Lengfeldt, R. Lutz (Hrsg.): Sein, Sollen und Handeln. Beiträge zur Pädagogischen Psychologie und ihren Grundlagen, Göttingen, Bern, Toronto, Seattle 1995, S. 41–51.

Janich, Peter: Konstitution und Konstruktion: woher haben die Wissenschaften ihre Gegenstände?, in: F. Wallner, J. Schimmer (Hrsg.): Alltag und Wissenschaft, Wien 1995, S. 178–186.

Janich, Peter: Visuelle und taktile Wahrnehmung in der Naturerkenntnis, in: Kongreßbericht des 31. Kongresses der Blinden- und Sehbehindertenpädagogen, Hannover 1995, S. 4–8.

Janich, Peter: Die Konstitution der Zeit durch Handeln und Reden, in: Kodikas/Code, Ars Semeiotica 19 No. 1–2, Tübingen 1996, S. 133–147.

Janich, Peter (Hrsg.): Die Sprache der Chemie, 2. Erlenmeyer-Kolloquium zur Philosophie der Chemie, Würzburg 1996, 202 S. (zusammen mit N. Psarros).

Janich, Peter (Hrsg.): Natürlich, technisch, chemisch. Verhältnisse zur Natur am Beispiel der Chemie, mit Beiträgen von K. M. Meyer-Abich, C. F. Gethmann, W. Schonefeld, P. Janich, G. Böhme, N. Psarros, R. A. Fischer, B. Fabry, C. R. Karger, G. Hanekamp, G. Stock, Berlin, New York 1996 (zusammen mit Ch. Rüchardt).

Janich, Peter: Konstruktivismus und Naturerkenntnis. Auf dem Weg zum Methodischen Kulturalismus, Frankfurt 1996 (Suhrkamp-Taschenbuch Wissenschaft 1244).

Janich, Peter: Was ist Wahrheit? Eine philosophische Einführung. Reihe „C. H. Beck Wissen", München 1996.

Janich, Peter (Hrsg.): Methodischer Kulturalismus. Zwischen Naturalismus und Postmoderne (zusammen mit D. Hartmann), mit Beiträgen von M. Gutmann, A. Grunwald, G. Hanekamp, D. Hartmann, P. Janich, R. Lange, N. Psarros, W. Schonefeld, M. Weingarten, W. Zitterbarth, Frankfurt a. M. 1996.

Kambartel, Friedrich: Erfahrung und Struktur. Bausteine zu einer Kritik des Empirismus und Formalismus, Frankfurt 1968.

Kamlah, Wilhelm: Philosophische Anthropologie. Sprachkritische Grundlegung und Ethik, Mannheim, Wien, Zürich 1972.

Kamlah, Wilhelm, Paul Lorenzen: Logische Propädeutik, Mannheim 1967.

Lorenzen, Paul: Lehrbuch der Konstruktiven Wissenschaftstheorie, Mannheim 1987.

Lorenzen, Paul: Methodisches Denken, 3. Aufl., Frankfurt a. M. 1988.

Lorenzen, Paul: Grundbegriffe technischer und politischer Kultur, Frankfurt a. M. 1985.

Mittelstraß, Jürgen (Hrsg.): Enzyklopädie Philosophie und Wissenschaftstheorie, 4 Bde., Mannheim 1980–1996.

Psarros, Nikos: Chemische Theorien und Modelle: Abbilder der Natur oder Systeme von Handlungsanweisungen?, in: Wirtschaft und Wissenschaft, 1993, I, S. 20–30.

Weingarten, Michael: Organismuslehre und Evolutionstheorie, Hamburg 1992.

Weingarten, Michael: Organismen, Objekte oder Subjekte der Evolution? Philosophische Studien zum Paradigmenwechsel in der Evolutionsbiologie, Darmstadt 1993.

Weingarten, Michael: Grundzüge einer Prototheorie der Biologie, in: Jelden, Eva (Hrsg.): Prototheorien – Praxis und Erkenntnis, Leipziger Universitätsverlag 1995, S. 135–146.

Zitterbarth, Walter: Wissenschaftstheorie und Kulturpsychologie, in: Allesch, Ch., Billmann-Mahecha, E. (Hrsg.): Perspektiven der Kulturpsychologie, Heidelberg 1990.

Zu Teil III
Literatur zur Wissenschaftstheorie

Albert, Hans: Traktat über kritische Vernunft, Tübingen 4. Aufl. 1980.

Bridgman, Percy Williams: The nature of some of our physical concepts, New York 1952.

Carnap, Rudolf: Physikalische Begriffsbildung, Karlsruhe 1926. Neudruck Darmstadt 1966.

Carnap, Rudolf: Scheinprobleme in der Philosophie. Das Fremdpsychische und der Realismusstreit, Leipzig, Berlin 1928.

Carnap, Rudolf: Logische Syntax der Sprache, Wien 1934.

Carnap, Rudolf: Philosophical Foundations of Physics, New York 1966; deutsch unter dem Titel: Einführung in die Philosophie der Naturwissenschaft, München 1969.

Dingler, Hugo: Physik und Hypothese, Berlin, Leipzig 1921.

Dingler, Hugo: Die Ergreifung des Wirklichen, München 1952.

Duhem, Pierre: Ziel und Struktur der physikalischen Theorien, Leipzig 1908, Nachdruck Hamburg 1978 (hrsg. von Lothar Schäfer).

Feyerabend, Paul: Against method. Outline of an anarchistic theory of knowledge, 1975, deutsch: Wider den Methodenzwang. Skizze einer anarchistischen Erkenntnistheorie, Frankfurt a. M. 1976.

Fleck, Ludwik: Entstehung und Entwicklung einer wissenschaftlichen Tatsache. Einführung in die Lehre vom Denkstil und Denkkollektiv, Basel 1935, 2. Aufl. Frankfurt a. M. 1980 (hrsg. von Lothar Schäfer und Thomas Schnelle).

Fleck, Ludwik: Erfahrung und Tatsache. Gesammelte Aufsätze, hrsg. von Lothar Schäfer und Thomas Schnelle, Frankfurt 1983.

Helmholtz, Hermann v.: Zählen und Messen, erkenntnistheoretisch betrachtet, in: Philosophische Aufsätze, E. Zeller zu seinem 50jährigen Doktorjubiläum gewidmet, Leipzig 1887, S. 17–52.

Hempel, Carl Gustav: Fundamentals of concept formation in empirical science (International Encyclopidia of Unified Science II, 7), Chicago 1952.

Hempel, Carl Gustav: Philosophy of natural science. Englewood Cliffs, New York 1966.

Hempel, Carl Gustav: Grundzüge der Begriffsbildung in der empirischen Wissenschaft, Düsseldorf 1974.

Hempel, Carl Gustav: Aspekte wissenschaftlicher Erklärung, Berlin, New York 1977.

Hoyningen-Huene, Paul: Die Wissenschaftsphilosophie Thomas S. Kuhns, Braunschweig 1989.

Kuhn, Thomas S.: The structure of scientific revolutions, Chicago, 2. Aufl. 1970, deutsch: Die Struktur wissenschaftlicher Revolutionen, 1. Aufl. 1967, 2. Aufl. 1976.

Lakatos, Imre: Falsifikation und die Methodologie wissenschaftlicher Forschungsprogramme, in: I. Lakatos, A. Musgrave (Hrsg.): Kritik und Erkenntnisfortschritt, Braunschweig 1974, S. 89–189.

Mach, Ernst: Die Analyse der Empfindungen und das Verhältnis des Physischen zum Psychischen, Jena 9. Aufl. 1922, Nachdruck Darmstadt 1985.

Mach, Ernst: Die Mechanik, historisch-kritisch dargestellt, Leipzig 9. Aufl. 1933, Nachdruck Darmstadt 1963.

Nagel, Ernst: The structure of science, New York 1961.

Neurath, Otto: Protokollsätze, in: Erkenntnis 3 (1932).

Poincaré, Henry: Wissenschaft und Hypothese, Leipzig 1904.

Poincaré, Henry: Der Wert der Wissenschaft, Leipzig 1906.

Poincaré, Henry: Wissenschaft und Methode, Leipzig, Berlin 1914, Nachdruck Stuttgart 1973.

Popper, Karl R.: Logik der Forschung, Tübingen 3. Aufl. 1971.

Reichenbach, Hans: Philosophie der Raum-Zeit-Lehre, Berlin 1928.

Russell, Bertrand: Philosophie. Die Entwicklung meines Denkens, München 1973, Frankfurt 1992.

Sneed, John D.: The logical structure of mathematical physics, Dordrecht 1971.

Stegmüller, Wolfgang: Hauptströmungen der Gegenwartsphilosophie, Bd. 1, 7. Aufl., Stuttgart 1989, Bd. 2, 8. Aufl., Stuttgart 1987.

Stegmüller, Wolfgang: Probleme und Resultate der Wissenschaftstheorie und analytischen Philosophie, Bd. 1 und 2, Berlin, Heidelberg, New York, Tokyo, 2. Aufl., 1983–1986.